U0716856

內在天賦

陈安逸 著

海南出版社
·海口·

图书在版编目（CIP）数据

内在天赋 / 陈安逸著 . -- 海口：海南出版社，
2023.2
　　ISBN 978-7-5730-1010-0

　　Ⅰ . ①内… Ⅱ . ①陈… Ⅲ . ①心理学 – 通俗读物
Ⅳ . ① B84-49

　　中国国家版本馆 CIP 数据核字 (2023) 第 009662 号

内在天赋
NEIZAI TIANFU

作　　者：陈安逸
出 品 人：王景霞
责任编辑：吴　晏
责任印制：杨　程
印刷装订：北京兰星球彩色印刷有限公司
读者服务：唐雪飞
出版发行：海南出版社
总社地址：海口市金盘开发区建设三横路 2 号　　邮编：570216
北京地址：北京市朝阳区黄厂路 3 号院 7 号楼 101 室
电　　话：0898-66812392　010-87336670
电子邮箱：hnbook@263.net
经　　销：全国新华书店
版　　次：2023 年 2 月第 1 版
印　　次：2023 年 2 月第 1 次印刷
开　　本：880 mm×1230 mm　　1/32
印　　张：8.25
字　　数：130 千字
书　　号：ISBN 978-7-5730-1010-0
定　　价：59.80 元

【版权所有，请勿翻印、转载，违者必究】
如有缺页、破损、倒装等印装质量问题，请寄回本社更换。

CONTENTS

目录

PART 1

荣格心理学与原型

PART 2

你的内在天赋与外在优势

PART 3

十二原型与内在天赋

PART 3

十二原型与内在天赋

PART 3

十二原型与内在天赋

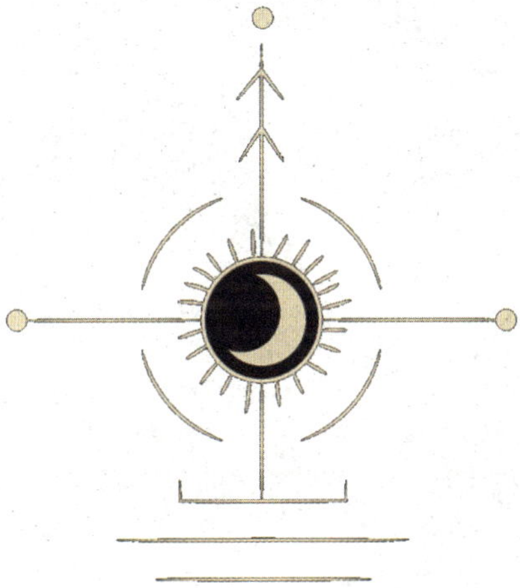

PART 1

荣格心理学与原型

荣格心理学，也被称为分析心理学，是致力于探究人类心灵深层结构的心理学分支。荣格心理学认为，一个人从事的工作、结交的朋友、在逆境中的选择，以及在生活中获得的意义，不仅受到意识的支配，还受到潜意识的控制。潜意识在人类心灵的深处，其中布满了原型——人类原始经验的集结。原型与其他的心理学概念不同，它并不特指某种心理内容，例如记忆、语言、思维，也没有对应的大脑活动区域，它是心理结构的普遍模式。

原型是荣格心理学中的重要内容，不仅帮助人们从心灵最深处认识和理解自我，同时帮助人们塑造出更加完整的人格，以度过不同的人生阶段，适应不同的生存环境。时至今日，关于荣格心理学的研究和实践依旧在不断延伸，人们希望能够从更加深刻的角度追寻人生的轨迹，实现人生目标。

第一章
原型的来源、本质

原型源自千百万年的文化积淀，存在于每个人的种族记忆中，相关的内涵涉及心理学、社会学、文学和宗教等方面。原型更像是哲学中形而上的概念，因此理解原型，需要人们抛开已有的认知框架。虽然我们无法将原型固定在某个具体的心理活动中，但是我们在生活中却可以随时感受到原型的影响。

① 梦是原型送给我们的礼物

我们几乎每晚都在做梦，关于梦的说法也有很多，比如白日梦，黄粱一梦，华胥之梦，日有所思夜有所梦……一直以来，哲学、神学和心理学都尝试解读梦与现实、心灵的关系。庄子提出了哲思：不知周之梦为蝴蝶与？蝴蝶之梦为周与？神学认为梦连接和传递了神的意志；心理学则相信梦代表了某种心理机制。在众多心理学的流派中，精神分析学派尤其关注梦的意义，其中以弗洛伊德和荣格的论著最多。

西格蒙德·弗洛伊德，奥地利精神病医生，精神分析学派创始人。他认为梦是潜意识中被压抑的愿望的满足。人的心理是一个复杂的结构，弗洛伊德将人的心理划分成深层的潜意识、中层的前意识和表层的意识。意识是我们在感知世界的过程中所注意到的心理活动，更多的是符合社会规范和道德标准的观念；潜意识则隐藏在我们的内心深处，更多的是没有被意识到的、被压抑的本能冲动和欲望；前意识则介于意识和潜意识之间，是当下没有被我们注意，但是经过提醒和回忆，可以从潜意识进入意识的部分心理活动。

弗洛伊德认为，我们每天会面对各种人和事，大脑会帮助我们留意和记住当前对自己有用的信息，并将其留在意识层面。而那些不愉快的、非理性的、违反道德的、非逻辑性的信息则被压抑到我们的潜意识中。然而，潜意识中的欲望也需要被满足，但是这些欲望在试图进入意识层面时，会被意识的道德标准拒之门外。被压抑的欲望就会进行乔装打扮，这样就不容易被意识识别，例如出现在我们的梦中，某些神经症病人的症状中，正常人出现的口误、遗忘、拖延等行为中。以梦为例，弗洛伊德认为，梦中重要的特殊意象符号往往象征着欲望，通过分析师专业的解析就能了解做梦者近一段时间内潜意识的精神状态，以及被压抑的欲望和持续的困扰。

卡尔·荣格，瑞士心理学家，精神医生，曾经深受弗洛伊德的器重，但是两个人在理论上出现了很大的分歧。1914年，荣格离开弗洛伊德，创立了分析心理学派。荣格延伸了弗洛伊德关于人的心理结构的划分，他认为弗洛伊德论证的潜意识只是个体被压抑的欲望，但是在人类的种族发展过程中，还有世世代代的活动经验存在于每个人的内心深处，即集体潜意识。所以，人的心理结构应该依次是意识、个体潜意识和集体潜意识。意识同样是可以被我们知觉到的心理活动，个体潜意识相当于弗洛伊德提出的前意识，而集体潜意识则在我们内心的最深层次，完全无法被意识到，是梦的根源。

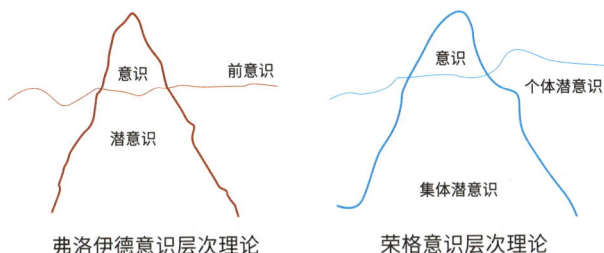

弗洛伊德意识层次理论　　　　　荣格意识层次理论

图1　意识层次理论

荣格认为梦根本不需要伪装，也没有伪装、歪曲或掩饰，它只是在自然而然地尽力表达。来自个体潜意识的梦属于小梦，通常与个人的生活相关联；来自集体潜意识的梦则属于大梦，对自己和他人都有重要意义。但是我们通常无法理解梦表达的意义，因为梦使用了原型和原型意象。

人类在进化和发展过程中经历了很多事件，这些事件会在所有人类的心理层面上留下痕迹。特别是当一个事件反复出现时，这种痕迹就形成了原型。例如农历的八月十五，起初这是农作物陆续成熟的时节，人们结束劳作后，会通过祭祀祈求明年风调雨顺。这个祭祀事件年年都有，人人参与，人们的内心便逐渐留下关于这一天的痕迹，并且随着朝代更迭，关于这一天的传说和意义不断丰富。于是这个原型逐渐形成，它代表了安定、期盼、团圆、收获等，而呈现出的原型意象可能是月饼、嫦娥、桂花、月亮等。

当我们做梦的时候，潜意识作为梦的根源，会在梦中呈现出各种象征原型的意象。荣格强调这些意象并不是伪装，而是最直接的原型表达。只是我们无法认识潜意识，无法直接与原型对话，所以才会认为梦是杂乱无序的。

在不同的文化背景下，同一个原型意象所象征的原型是不同的，所代表的意义也不同。在东方的文化中，满月和团圆美好有关，但是在西方的文化中，满月则与邪恶力量有关。如果让两种文化背景的人描绘一幅"月下的人"，一个可能描绘月下祭拜的少女，一个可能画出对月变身的狼人。

因此在解读不同人的梦境时，需要参考做梦者的年龄、宗教背景、文化背景等实际情况。根据荣格心理学的理论，在解读梦境的时候，咨询师只是通过各种方法帮助做梦者找到其心灵深处继承的原型，以及原型的象征性形象。所以，系列梦的解读比单一梦的解读更准确，也更有价值。

荣格相信，梦会带给我们有意识或无意识的改变，梦其实是在调节和恢复心理平衡，补偿意识心理的缺陷。根据原型的种类不同，梦的补偿形式有很多种。例如当一个人的人格发展不平衡，在现实生活中过于注重理性和勇敢，而压抑其他人格，那么梦境中就会补偿性地出现一些胆怯、软弱的人格。

平时强悍的人梦见自己是个胆小的孩子，固执偏激、喜欢辩论的人梦见自己参加的聚会现场变成牛圈……这都是原型在提醒做梦者内心所压抑或是忽略的内容。通常这些内容还没有被做梦者的意识所察觉，但是潜意识中的原型已经开始补偿。

荣格曾经分析过一个8岁小女孩的系列梦境，梦中曾出现上帝复活被凶恶怪物杀死的小动物的情境，小老鼠变成人，显微镜下的水滴中出现了大树，小男孩向路人扔泥巴，沾上泥巴的人也变成了坏人……看到这些梦境，可能每个人会有自己的感受，这或许是连接了我们的某些原型。

荣格通过系列的分析，认为这些梦与死亡、复活、起源等原型有关。这些主题大多是成人的思考内容，但是却频繁出现在小女孩的梦境中。因为小女孩也在经历生与死的命题，于是原型通过梦来回应小女孩。不久后，这个小女孩就因病去世了。

也许我们梦境中的画面并不美好，甚至充满了焦虑和惊恐，那只是因为我们还不够了解自己，也不够了解潜意识和原型。梦是原型送给我们的礼物，只有以开放的、包容的、好奇的心去理解和感受，才能获得令人惊喜的成长。

❷ 神奇的巧合，超准的语言：
都是原型在作怪

荣格曾经接待过一位女性患者。她虽然受过良好的教育，但具有极端狭义的理性，属于偏执型人格。另外，她凡事要做到最好，但是却做不到，也出现了心理问题。荣格认为，如果在治疗过程中出现一些非理性的事件来打破患者的狭义理性，将会对患者产生帮助。

有一天，这名患者在讲述一个梦境，梦中有人送给她一只金色甲虫形状的珠宝。这时，荣格发现有一只大的金龟子在猛烈地敲击窗户，于是荣格当即抓住这只金龟子，并送给患者："这就是你梦中的那只甲虫。"患者当即惊讶不已，同时这件事也击碎了患者的偏执，使治疗顺利地持续下去。

这个情境当然是一个巧合，我们在生活中都曾经遇到，比如正想到某个人，结果就接到了此人打来的电话。荣格当时常和好友爱因斯坦探讨彼此的理论思考，荣格发现，巧合没有办法用心理学的线性因果理论解释，倒是可以从物理学的空间和时间的相对性角度来理解。他认为，当巧合发生的时候，并不存在外在的客观因果，只是我们将两件事情建立了联系，主观地赋于某种"意义"，于是出现了巧合。

其实，巧合事件一直在发生。就像你走在街上，擦身而过的人可能与你同年同月同日出生，但是在你没有注意到这件事的时候，你并不会觉得不可思议，这只是一个陌生人。只有当你注意到它，你才会在自己和这个陌生人之间建立一种"意义"，你会觉得真巧，你俩真是"有缘"。

荣格认为，这个"意义"是超越时空的。荣格曾经接待过一位患者，他在治疗的过程中讲述了一段关于太阳和风的话语。荣格在治疗记录中记下了患者说的这段话，几年后，他在一本希腊文宗教书籍中读到了一样的话语。他确信这位患者不懂希腊文，并且这本书的出版时间在患者接受治疗的时间之后。他不可能看过这本书，也与这本书的作者之间没有任何关联。

除此之外，在更大的层面也存在着一些巧合。例如，世界各地的神话传说中都出现了一些相似的意象，譬如在玛雅文明、苏美尔文明、两河文明和古埃及文明中都有和洪水有关的传说。荣格提出，这是人类共同的心理痕迹，是在进化和文化发展的过程中的心理沉淀，这就是集体潜意识。

意义的连接超越了个体潜意识，源自于内心中更深层的集体潜意识。所谓巧合，其实是集体潜意识中原型的又一种表达。我们每个人的心理都是相连的，但是是在我们无法意识到的集体潜意识层面。从这个角度来看，巧合其实是集体潜意识所引发的必然。

原型的这种表达对我们的心理失衡有一定的"补救"功能。在开篇讲述的金色甲虫案例中，荣格当时也并不理解它所代表的意义。但是多年后，荣格在走访调研美洲和非洲的一些原始部落时，发现甲虫在人类的图腾崇拜中代表着"重生"。那位女性患者的原型作用于她的梦中，并进行表达，指引她在不知不觉中走向了"重生"的补救。

就像这位女患者一样，我们也许不知道每一个原型所表达的具体含义，但是原型的补救依旧在发生，我们也因此获得了成长。荣格在治疗的过程中并不执着于解释这些意义，他认为，有时候意义已经超越了语言逻辑，是无法言说的。但是荣格和后来的心理学研究者进一步探究原型的意义、等级结构、意象等，帮助我们去理解原型，发掘更大的内心力量，唤醒祖先们留给我们的天赋。

❸ 原型与原型意象

"原型"这一词汇在我们的日常生活中常被提及，但其内涵不一。为了理解荣格的原型，我们先梳理一下常见的几种原型概念。

第一种原型，特指在艺术作品中，为塑造人物形象所依据的现实生活中的人。例如在2017年播出的反腐电视剧《人民的名义》中，众多贪腐官员都源自于现实中被查处的违法、违纪人员；在2016年上映的印度电影《摔跤吧，爸爸》中，爸爸的原型是在家开设摔跤训练馆、成功培养4个女儿和1个侄女成为摔跤选手的马哈维亚先生。

第二种原型（prototype），来源于认知心理学。相关研究发现，人们在认识事物的过程中，会首先建立一个最具代表性的典型形象，然后将认知的新事物与之进行对比归类，并形成一个一个范畴。研究者将这个典型形象称为 prototype，英文原意是"样本、典型"，中国学者译为"原型"。例如，提到鸟类，我们会想到有羽毛和翅膀、会飞行、有喙之类的特征，甚至更为直接地想到麻雀、燕子之类的鸟类形象。如果我们看到一种不认识的相似动物，也会通过对比这些特征，来判断其是否属于鸟类。与鸟类的特征越相似，我们就越能得出确切结论。

第三种原型（archetype），来源于哲学领域。古希腊哲学家柏拉图认为，世界是由理念世界和现实世界组成的。理念世界是永恒不变的真实的存在，是万物的本源；现实世界是人的感官所感知到的世界，只是对理念世界的模仿，而艺术是对现实世界的模仿。柏拉图的理念论影响了西方各领域的学者，古犹太的哲学家斐洛尝试将宗教和柏拉图哲学相结合，并第一次提出了"archetype"的概念。此后，越来越多的哲学家和神学家在论证自己的思想中使用了这个概念。

archetype 的英文原意是指"原始意象，反复出现的象征"，其中"arche"来源于希腊文，意思是开始、太初、起源。关于 archetype，先哲们一致认同这并不是指代具体的某个事物，而是指事物最初的起源，是事物背后的"模型"，是万物的原始模型。

荣格同样受到柏拉图理念论的启发，他在思考弗洛伊德的潜意识理论的时候，发展并借用了"archetype"的概念来论述自己关于集体潜意识的理论。虽然集体潜意识是"个体始终意识不到的心理内容"，但是为了便于理解和分析，荣格尝试将集体潜意识"具体化"，他认为集体潜意识的内容是由全部本能和与它相联系的原型所组成的。

原型是人类祖先遗传下来的、属于所有人类的共同心理图式。我们每个人都会继承一些先天反应模式，例如对野生动物的狩猎本能和恐惧本能，或许就来源于我们祖先茹毛饮血的生存经历。原型是一种记忆痕迹，也是一种领悟模式，更是一种先天倾向。原型存在于每个人的潜意识深处，但是很难被意识察觉，只有依赖于后天经验才能显现。后天的体验越多，原型显现的机会越多。原型不止一种，荣格认为人生中有多少典型情境，就会有多少种原型，例如男性所具有的女性特质的原型，有关意义与智慧的原型等。

荣格相信，潜意识才是智慧最深之本源。原型虽然属于先辈的精神遗传，却可以与现实的人达到心灵相通。一旦遇到合适的后天环境和经验，原型将引领艺术家的创作，甚至通过神话、宗教、哲学、科学等文化形式呈现。原型是丰富的，也是抽象的，无法被描述，也无法被触摸，但我们可以通过梦、神话传说、习俗仪式、艺术创作等象征来认识原型。

原型的形象化表述也叫作原型意象（archetypal images）。当潜意识的内容被意识察觉，原型会以意象的象征形式呈现给意识，帮助我们理解原型，这就是原型意象。就像前文中出现的那只"金色甲虫"，它是一种原型意象，是原型中重生意义的象征。当然，这只是一种简单化的理解，原型的内涵更加丰富，原型意象也并不固定。

我国心理分析师申荷永教授曾经引用《道德经》的文字阐释原型理论："道之为物，惟恍惟惚。惚兮恍兮，其中有象；恍兮惚兮，其中有物。窈兮冥兮，其中有精；其精甚真，其中有信。"原型虽然不可被意识完全洞悉，但是时刻为意识和自我提供一种成长的能量。

第二章
个体潜意识与集体潜意识

　　意识、个体潜意识与集体潜意识是荣格对心灵结构的划分。原型作为遗传自祖先的经验集结，存在于集体潜意识之中。荣格也是在思考心灵结构的过程中，领悟了原型的存在。然而原型无法直接被意识感知，我们只能感受到原型的存在和作用，例如艺术创作时的灵光一闪，出现在梦中的光怪陆离，对巧合赋予意义等。要理解原型对个体成长与发展的影响，离不开对心灵结构和潜意识的解读。

❶ 每个人的心中都有一座海岛

如果把我们的内心看作海洋中的一座座海岛，那么，露出水面、风景各异的那些小岛就是我们的意识（包括情绪、知觉、思维等心理内容）。意识既能被我们自己感知到，他人也能够通过我们表面的言语和行为进行推测。随着潮汐运动和海浪的翻涌，海岛中被水面覆盖的部分土地会显露出来，这部分就是个体潜意识。虽然个体潜意识由于种种原因被压抑或忽视（在水面之下），但是当个体潜意识显露出来，很快就能够被意识接纳，如同每个海岛都有自己自然的和人为的应对浪涌的方式。自海岛潜入水下，直到海岛的最底层，会呈现一片广袤的海床，在海水的最深处连接着每一座海岛，这片海床就是集体潜意识。

我们一直在修饰和调整海岛之上的风景，努力将自己的岛上风光与其他的海岛保持统一的风格。就像在生活中，我们遵循所处的社会环境对幸福、成功、美好的定义，努力合群，改掉自己身上的缺点，甚至为了遵照他人的评价和观点而压抑自己的某些感受、夸大某些行为。因此，这样的自我修整带来的并不全是积极的体验，有时候，一些不可控的风浪会将海岛水平面下被侵蚀的土地暴露出来，破坏海岛的风景。

　　人们逐渐发现，海岛是否能够良好地存续，不能只靠修整海岛之上的风景，还需要了解和维护水面之下的那一部分。因此，越来越多的心理学家们开始探讨隐藏在水面之下的秘密。如果完全忽视水面下的侵蚀和海床的运动，海岛之上的风景将随时陷入未知风险中。如果我们能够了解和掌握水面下的一些规律，海岛上将会呈现出充满魅力的、让人感到幸福和平静的景色。人类意识的海岛是一个整体，无法分割。

　　当前人类的科技对海底的了解其实很少，目前能观察到最深的海沟中生存着某种鱼类和虾类，海底像月球表面一样荒芜。浩瀚的海底与集体潜意识不仅在意象上是相似的，被人类所探索的程度也是相似的，都充满未知的奥秘和无限的吸引力。目前人们对心理海床的了解集中在分析心理学派，所得到的实证也很有限，心理海床中蕴含着的巨大力量还在等待着我们去分析和思索。而心理海床与现实海床之间的种种相似与联系，也是一种有趣的"巧合"。

❷ 充满情绪色彩的个体潜意识

　　荣格将人的心灵结构由浅入深依次划分为意识、个体潜意识、集体潜意识。当一个人与社会环境发生互动的时候，会表现出稳定而独特的行为、思想模式和情绪反应，心理学将此称为人格。荣格认为，意识对应着一个人的首要人格特质，个体潜意识则对应一个人的次要人格特质。

　　我们在日常工作和生活中，可能固执，可能理性，可能圆滑，可能活力无限，可能忧虑……我们的首要人格特质在不同的情境中虽然表现程度不同，但是不会轻易改变，并且长期主导和控制我们的行为。它和意识一样，不论是我们自己，还是他人，都很容易观察到它的存在，就像是海岛上最直观的风景。

　　另外，我们还有一些不太重要的特质，往往只在特殊的情境中表现出来，这些就是我们的次要人格特质。它就像个体潜意识一样，不容易被我们觉察到，而且只会在特定的情况下影响我们的行为。

　　根据荣格的理论，个体潜意识是潜意识的表层，充满了曾经意识到但被遗忘、被压抑的个体经验，这些经验组成一组一组具有情绪色彩的心理观念——情结。情结是个体潜意识的主要内容，心理学家常常使用神话传说中的人物为其命名。

兄弟姐妹之间的对抗意识和嫉妒心，同时也延伸至同事之间竞争的该隐情结；放大对方的痛苦和需要，产生强烈的帮助对方的使命感和超出常理范围的同情，被拒绝会有强烈的情绪反应的弥赛亚情结；对不同性别的父亲或母亲产生占有欲，而对相同性别的父亲或母亲产生嫉妒、害怕等复杂情感，并影响到其他生活方面的俄狄浦斯情结和厄勒克特拉情结……如果我们去阅读相关的传说和故事，便能够更深刻地体会每种情结的复杂内涵。那么，当我们表现出这样的情结时，也就能更多地理解自己。

情结是被压抑的带有情绪的记忆，表现为我们可能尤其钟情某种天气，畏惧某种情境，向往某种特质。每当情结被启动的时候，我们会产生强烈的情绪反应。如果我们没有经过系统专业的学习，往往很难理清事情的真相，察觉其中的缘由。

你的身边一定有这样的人：他为人特别热情，很关注别人的需求，总是不遗余力地主动提供帮助。哪怕对方已经明确表示并不需要，他也总是想着帮助对方，甚至不停地寻找对方可能存在的烦恼和难处。他认为自己很无私，对所有人都做出了很大的牺牲，如果对方不领情，他甚至会情绪崩溃、失控。

当你起初和他交往时，你会感到无微不至的关怀，但是时间久了，不论是对于提供帮助的他，还是被帮助的你，你们俩可能都会陷入不被理解的痛苦中。其实这就是弥赛亚情结的影响，他太想在关系中彰显自己的价值，期待被认可，这并不是健康的人际关系模式。

下面的表格中有几个词语，请逐一读出来，并写下读到这个词时你所联想到的内容。有没有哪个词让你卡顿了一下，或是写不出相应的联想词，或是联想到的只是这个词的外语翻译，或是联想到一句话而不是一个词？如果出现了这些反应，那么这其中可能隐藏了你的情结。

表1　字词联想示例

呈现词	联想词	呈现词	联想词
头		家	
白色		笨蛋	
奖金		新娘	

（注：完整的字词联想测验需要在专业指导下进行，表1只是为了便于读者理解而呈现的示例。）

荣格将字词联想测验用于诊断精神病患者的病因。他发现，如果这些呈现词与测验者心中不愉快的事物有联系，那么他的反应时间就会延长，进一步分析这些词汇就会发现其中隐藏的情结。

很多心理学研究者通过字词联想测验探索人们潜意识中被压抑的信息。日本学者河合隼雄曾经在心理学课堂上进行过一个实验，他选择三名学生扮演小偷，并且只有其中一个人真的执行"偷窃"行为，然后让三名学生进行字词联想测验，结果其他学生很快就找到了三人中"偷钱"的人。

就像被水面覆盖的那部分海岛布满了被海水侵蚀和冲击的痕迹一样，个体潜意识中的情结通常与早年的创伤经历有关。当情结暴露的时候，就像引爆了情绪地雷，这时意识会失去对个体的掌控，并促使个体做出不理性的行为，比如对某个同事极端的妒忌，不择手段的竞争，明明有能力成功却总是退缩，过度迷恋拥有某种特质的人等。

个体潜意识中的情结，并不意味着心理问题，只是预示自我中存在着尚未被整合且会引起纠葛的部分。分析心理学家相信，当我们在生活中遇到困境时，如果能够进行自我审视，都会发现其中存在某些情结。克服困难需要面对困难，同样地，自我的成长也需要面对情结，整合情结。

❸ 实时连接所有人的集体潜意识

1950年，日本研究者在一座无人小岛对猴群进行观察实验，最初猴群只有不到20只猴子，研究者每天向它们投喂一些红薯，猴子们会拍掉红薯上的泥沙再吃。1953年的一天，一个红薯掉到了岛上的小溪里，被一只一岁半的小猴子捡了起来，它发现用溪水洗过的红薯很好吃，之后便开始用溪水清洗后才吃，它还把这个方法教给了关系亲近的猴子。

1957年，这个猴群中猴子的数量超过了20只，其中有15只猴子都用溪水清洗红薯。有一天，这条小溪的水干涸了，猴子们便开始使用海水清洗红薯，可能海水清洗后的红薯口感更好。后来溪水恢复，猴子们也依旧使用海水清洗。

研究者发现，猴群中没有学会这个方法的都是12岁以上的成年公猴，它们从不清洗红薯。慢慢地，猴群逐渐繁衍，猴子的数量超过了100只。当第100只猴子学会使用海水清洗红薯的时候，似乎一夜之间，包括那些成年公猴在内的所有猴子都学会了清洗红薯。

研究者还发现，在旁边的小岛生活的猴子也开始用海水清洗红薯。可是这两个小岛之间隔着200公里的海洋，不可能有猴子在两个小岛之间往返，它们之间不可能存在任何交流，但是另一个小岛上的猴子确实学会了这个方法。

英国某生物学家认为，当一个群体中某种行为的数目达到一定的临界值（约以100为界），该行为就会超越时空的限制，散布到其他地区的群体中。这种效应不仅在猴群中会发生，在人群中也会发生。

有一个英国和澳大利亚研究者组成的研究小组在几年后做了类似的实验，研究者准备了一张图片，图片中隐藏了近百张人脸，需要仔细分辨才能看出来。首先，研究者在澳大利亚随机选择了100个测试者去辨认图片，测试者辨认出的人脸数量大多是6～10张。与此同时，研究者在2万公里之外的英国 BBC 电视台展示了这张图片，并详细标注了每张脸的位置。在展示结束的几分钟之后，澳大利亚的研究者又随机选择了100个新的测试者辨认图片，结果新的测试者能够看到的图片中隐藏的人脸数量远远超过10张。

可见，在人群还没有意识到的时候，某种更深层次的联系已经发挥了作用。或许身边的小孩子总是能快速掌握电子产品的操作方法，除了他们正处于学习和探索的黄金阶段之外，他们的意识深处或许与成人之间还存在着某些微妙的连接吧。这样的连接，并不是神学的玄幻部分，其实就是荣格提出的集体潜意识。

荣格认为，世界上活着的和逝去的所有人之间都是实时相连的，连接的方式就是通过心理结构的最深层，也就是集体潜意识。不论什么样的成长背景，多大的年龄，几乎所有人类都会做类似的梦，例如被追逐或是从高空坠落。在各种古代文明和神话传说中，也都有相似的元素，例如灾难性的大洪水、吞云吐雾的神龙、人首兽身的神怪形象。

集体潜意识是沉淀在每个人心底的共同本能。集体潜意识并不是集体的潜意识，而依旧是个体的潜意识，只是它存在于每个人意识结构的最深层。集体潜意识来源于人类的记忆演化过程，是我们通过遗传获得的，基本上是永恒不变的。集体潜意识隐藏在我们的内心深处，所以无法被直接感知到，但可以通过一定的方法唤醒。

荣格的集体潜意识理论是在弗洛伊德的潜意识理论的基础上发展而来的。荣格并不认同弗洛伊德将人们的行为解释为个体的生物本能，他认为，人们并不能通过推演自己过去的经历而解决心理困扰，还需要思考人类历史层面的集体象征意义。因此，荣格一直在关注潜意识对我们成长的建设性作用。

心理学相信，每个人都有自我成长和自我疗愈的可能，而这个可能或许就存在于我们的集体潜意识中。要使我们的心灵海岛活力无限，岛上的景致需要规划，海浪侵蚀的部分需要维护，作为根基的海床尤其需要巩固。

第三章
原型对我们的成长意义

　　"人生中有多少典型情境，就有多少原型。"原型能够调节心灵，使之归于平衡。荣格不仅使用原型理论分析患者致病的缘由，同时也通过原型指导普通人趋于人格完善和自我实现。我们每个人都具有极大的内心力量，可是我们并不知晓，因为这些力量一直沉睡在集体潜意识之中。

　　尽管心理学家将人的心理划分成意识与潜意识两种结构，但是两者之间并不是泾渭分明的。荣格认为，潜意识的内容一旦被察觉，就会以意象的象征形式呈现给意识。另外，意识与潜意识之间通过补偿的形式不断相互作用。就像第一章提到的梦，梦是原型的表达，也是原型的补偿。失意的人会梦到成功，不敢表白的人会梦到两情相悦。因此，唤醒原型，不仅可以疗愈个体的心理疾病，更重要的意义是能促使个体完善自己的人格，实现成长。

❶ 荣格人格理论中的经典原型

荣格认为，原型的数量几乎是无限的，他着重描述的是以下五种原型，分别是人格面具、阴影、阿尼玛、阿尼姆斯和自性。

荣格将人格比喻成面具，我们在公共场合会表现出不同的形象，也就是戴上不同的面具。因此，我们的人格面具不只一个，人格是所有面具的总和。

我们在人生的不同阶段也会戴上不同的人格面具，甚至会在同一时间一起戴上很多面具。譬如，我们在职场中会戴上"擅于沟通协作""包容""自立"的面具，在父母面前会戴上"懒惰""任性"的面具，在伴侣面前会戴上"有责任感""专一""浪漫"的面具。

作为原型，人格面具在人群中很普遍，也具有重要的适应意义。我们都需要表现出良好的社会形象来建立人际关系，得到他人的认可。所以，荣格尤其指出，人格面具并不是病态的或虚假的。只有当一个人过分地认同自己的面具，分不清情境和对象时才会产生危险。例如违反交通规则的成人戴着儿童的面具，在面对交警的处罚时哭闹；不能灵活地在工作和生活情境之间跳转，把工作角色带到生活中，总是以职业角色自居，在家人面前依旧一副领导的样子。

如果说人格面具是我们期待呈现给外界的理想特质，那么阴影就是被社会文化所压抑和排斥的本能冲动，是我们最隐秘、最邪恶的特质。荣格认为，阴影虽然是一个人最不愿意成为的，也是最想要隐藏的部分，但是阴影是属于个体的一部分，其中蕴含着巨大的能量。只有面对阴影，才能完成人格的整合。当阴影处于被个体忽略和排斥的状态时，它往往是极具破坏性的。只有接纳阴影，才有机会将其转化成有价值的力量。因此，阴影虽然代表了野性和混乱，但也最容易迸发出灵感、创造力和本能的活力。

人们总是倾向于展示、装扮自己的人格面具，而想方设法地隐藏阴影。事实上，越是伪装美好的人格面具，阴影的破坏性就越强，甚至导致心理问题。所以，我们要接纳人格的各个层面，在适当的时刻展示合适的面具，并将阴影的能量转化为积极的活力，发挥原型的成长力量。

阿尼玛是指男性潜意识中的女性意象，阿尼姆斯是指女性潜意识中的男性意象。当阿尼玛高度聚集的时候，男性会表现出女性的特征，比如容易嫉妒、虚荣、忧郁。当阿尼姆斯高度聚集的时候，女性则会表现出男性的特征，比如热衷权力，富有攻击性。

每个人的心理都是两种性别的混合体，我们都需要调控内心深处的异性特质，以更好地和异性相处。长久以来的原型遗传让异性之间相互了解，也相互吸引，同时相互补偿。尽管荣格认为阿尼玛与阿尼姆斯之间是对立的，但是这两种原型在潜意识中勾勒了我们心中的理想异性。在爱上一个人的时候，我们会有一种失而复得的感觉，因为对方身上印证了自己不具备的某些美好特质。

荣格认为，男性的阿尼玛从幼稚到成熟会经历四个阶段：夏娃 - 海伦 - 玛丽亚 - 索菲亚，这四位是欧洲神话中的经典女性角色。夏娃源自圣经，象征着男性的母亲情结；海伦是古希腊传说中的绝世美女，象征着浪漫和纯粹的恋爱；玛丽亚也源自圣经，代表了精神上的吸引；索菲亚象征智慧层面的吸引。

女性的阿尼姆斯也会经历四个阶段：赫拉克勒斯 - 亚历山大 - 阿波罗 - 赫耳墨斯。赫拉克勒斯是希腊神话中的大力神；亚历山大是古代著名的君主；阿波罗是古希腊神话中的光明与预言之神；赫耳墨斯是十二主神之一，代表实用的世俗智慧。这四种形象代表了女性的心理成长阶段。

不论是男性的阿尼玛原型，还是女性的阿尼姆斯原型，它们都是无意识化的人格表现。人们难以察觉它们的存在，但是往往会在梦中出现它们的痕迹。

在所有原型中，有一种原型蕴含了圆满、完整、统一的内涵，荣格将其命名为自性（self）。荣格认为自性是所有原型的核心，是每个人的内在发展的终极目标。也正是因为这种内在的完整性，原型不断发挥其补偿和调节的作用。荣格描述自性完整的人格状态，是将意识与潜意识、人格面具与阴影、阿尼玛与阿尼姆斯等所有矛盾部分统一起来。宗教中的神佛，例如耶稣和释迦牟尼，他们所达到的人格境界就是自性的精神境界。在追求自性统一的过程中，人们所做的一切努力就是"自性化"，或是"自我实现"。

人们通常在提到自我的时候，只停留在意识层面。因为自我是意识的中心，是我们每个人能够察觉到的心理状态。自我像是一个过滤器，只有被自我接受的信息才会存储在意识中，并形成不同的人格。由于每个人的过滤方式不同，所以自我也不尽相同，我们对待这个世界的方式也不同。

例如有的人习惯过滤掉对自己不利的评价，忽略周围的批评和指责，这样才不会因此而沮丧或难过。有的人则习惯过滤对自己的积极评价，即使外在对自己的评价大部分都是表扬，他们也无法跳过一小部分的批评，总是产生不合理的自我评价。因此，自我具有一种局限性，那些被过滤掉的、存储进潜意识层面的信息无法为自我成长提供更多的帮助，除非自我能够主动地去学习和拓展认知边界。

荣格强调，自我只是意识的核心，并不是全部心灵或全部人格的核心。心灵结构中占据大部分的是自我无法意识到的潜意识，而自性就是整个心灵的核心。自性原型具有组织和秩序化的作用，是一种原始的完整感。因此每个人都具有让自己更加和谐完整的本能和潜能。自性在指引着心灵的圆满和人格的健全。

② 卡罗尔博士的12种人格原型

荣格的分析心理学理论被后来的研究者加以运用和延伸，主要应用在心理治疗、管理、营销、个人成长等领域。

卡罗尔·皮尔逊博士，美国原型心理学家，重新梳理和定义了每个人的人格原型，她将个体的内心划分成12个具有不同功能和特点的面向，每种面向对应了一种原型。这12种原型分别是：天真者、孤儿、英雄、照顾者、探险家、情种、反抗者、创造者、小丑、智者、魔术师和统治者。

天真者：代表信念和希望，总是很乐观，信任一切权威，渴望被接纳，害怕在团队中犯错、被抛弃，甚至会为了获得团队的认可而否认事实；

孤儿：悲观，认为世界充满着不公平、背叛和忽视，通常个体的孤儿原型是被隐藏起来的，表面上看起来偏沉默、可靠、普通；

英雄：拥有清晰的奋斗目标和价值标准，能够保护自我的界限不被他人冒犯；

照顾者：慈悲而慷慨，同时具备父亲角色的威严有力和母亲角色的慈爱温和，需要有自己的界限，避免做出丧失自我的牺牲或是通过照顾来控制他人；

探险家：代表探索内在自我的本能，不断向着未来追寻改变，但是未来的终点并不是那么明晰，追寻和探索的动力可能会变成漫无目的的沉溺；

情种：源自生的本能，一种与爱他人有关的原型，也代表着个体与世界的连接；

反抗者：源自死亡与毁灭的本能，没有人能够避免死亡，也无法避免自我毁灭的行为，只有正确认知死，才会真正理解生，指向蜕变与重生；

创造者：代表想象力，促使个体开创自己的生命，世界造就了人类，人类也在创造这个世界，这是人类的能动性、使命感和责任感的源动力；

小丑：帮助个体及时行乐，活在当下，即使身处困境和绝望中也依旧怀有希望；

智者：使命是寻找与自我和世界有关的真理，了解世界，但是并不试图改变世界；

魔术师：赋予个体神奇的能力，在统整内在世界秩序的同时，又能影响外在的环境，既可以带来疗愈，也会造成某些伤害；

统治者：统治个体的内在精神世界，帮助个体找到充分表达内在的最佳模式，帮助个体自在地享受真实的财富和物质生活，也能自信从容地探索生命的目标，为自己的生命负责。

❸ 成为更好的自己

需要特别注意的是，卡罗尔博士的12种人格原型，并不是将人们分成了12种类型。她认为，每个人的潜意识中都蕴含这12种原型，只是每个人的成长经历和认知水平不同，所以每种原型所处的层级不同，能够发挥出来的力量也不相同。甚至，有的原型展现的是积极的天赋，有的原型则展现的是消极的阴影与沉溺行为。

我们陷入原型的阴影时会感到迷茫和痛苦，但如果我们能察觉到这是哪一种原型的阴影，并通过自我去表达其积极的一面，就能度过人生的危机。因此，我们会觉得某个时刻的自己与某一种原型的特征十分相符，自己所陷入的某些困境与原型的未完全发展也有着密切的关联。

在个人成长和自我探索的过程中，原型不会完全按照一定的顺序出现或发挥作用，其出现顺序完全决定于我们的选择。另外，每一种原型不会只出现一次，在新的人生阶段，当某个原型再次出现时，它将会比上一次呈现出更高层级的状态。此时的自我对生命会有更进一步的理解，并展现出更多符合原型特点的智慧和特质。卡罗尔博士认为，在每一次的成长历程中，每种原型都会反复出现，并且每次出现都会给自我带来更深刻的收获。

每个人都有能力发掘自己生命的意义和目标，而深入了解12种原型，能够帮助我们进一步肯定自我，重新获得旺盛的生命力，实现自性化。在后文的章节中，我们还将详述这12种原型的特质，以认清当前的生命中是哪一种原型在运作或发展。毕竟，每种原型在不同人的潜意识中运作方式不同，所呈现的自我也不相同。

在生命历程中，我们都在努力成为更好的自己，羡慕他人的优秀特质。但是原型理论告诉我们，其实那些优秀特质是我们所有人共同具备的特质，只是我们还没有连接到潜意识的能量，还没有找到方法发挥出内在的天赋潜能。

因此，我们追求的快乐，并不需要依赖于他人的给予；我们渴望的爱，也并不需要寄希望于他人的馈赠。真正能够让自我获得满足的方法，就是追寻真正的内在自我，连接原本就存在于我们内心深处的力量，去唤醒原型。其实并不存在更好的自己，我们要做的是努力更好地成为自己。

PART 2

你的內在天赋与外在优势

心理学的研究实践证明，一个人的人格形成离不开先天的遗传和后天的教养环境。而原型决定了来自遗传的内在天赋，成长与教养环境造就了我们呈现出来的外在优势。内在天赋和外在优势像是两个方向的风，为人格塑形。要想更好地适应我们的生存空间，最大化发挥自我的价值，实现自性化，不但需要了解激发内在天赋潜能的方法，还需要清楚知道教养环境如何发挥作用。

第四章
你的主导原型决定了你的天赋

　　每个人出生的时候在心灵的深处都遗传了来自祖先的全部原型。每种原型都有着自己独特的内涵，能够给生命带来特别的力量。这股力量就是自我在不断成长和探索过程中的能量来源。当自我不断突破意识的边界，自我的广度和深度不断拓展，就可以愈发接近和唤醒原型，并获得随之而来的天赋，激发出更多的潜能。

❶ 约哈里之窗

"我是谁？"这是很多学科，尤其是心理学一直以来探讨的问题。这个问题的答案包含了一个人所拥有的身体、特质、能力、知识、家庭关系、工作、物质财产、人际关系等。1890年，美国心理学家威廉·詹姆斯用"自我"涵盖了这个问题和它的答案。从此，心理学家们从各个角度讨论着自我，希望帮助人们更全面地认识自我，提升自我，最终达到自我实现的新高度。

对于自我的评价，往往会出现一种有意思的情况：我们对自己的描述，和他人对我们的描述并不完全一致，甚至会出现完全不同的情况。我们往往认为自己思想独立、有原则，但是父母对我们的评价却是做事冲动、不稳重，伴侣对我们的评价则是容易感情用事、遇事爱纠结。

正是由于对自我的认知不同，当我们做出一个关于创业、健身、准备考试等方面的决定时，周围人的反应也是不同的。有的十分赞同，有的一直唱衰，有的认为我们只是一时冲动。那么，谁的判断是准确的，谁的评价才是真正的自我呢？

20世纪50年代，美国心理学家约瑟夫和哈里梳理并总结了这种自我认知现象。他们认为，一个人的自我其实包含了四种心理区域，即公开区、盲目区、隐秘区和未知区，也可以称为公开的我、盲目的我、隐秘的我和未知的我。

公开的我，是指自己了解并愿意展示给他人的自我部分，也就是我们知道、他人也知道的内容，包括年龄、外貌、职业、爱好等公开信息。

盲目的我，是指自己并不了解但他人了解的自我部分，例如习惯性的肢体动作，说话时的发音、口头禅等我们不曾注意到的信息，因从事某种工作而在生活中表现出的职业习惯，与当前年龄不相符的某些行为等。通常，他人告诉我们的时候，我们才会发现这一部分自我。

隐秘的我，是指自己知道但并不愿意与他人分享的自我部分，例如比较私密的爱好。当然，秘密并非都是不好的事情，只是不便或不必告诉他人的信息。

未知的我，是指自己不了解、他人也不清楚的内容，包括我们的潜能、灵感、天赋等。通常只有在特定的情境下，经过不断探索，这部分自我才会表现出来。

表1 约哈里之窗的四个心理区域

	他人知道	他人不知道
自己知道	公开区/公开的我	隐秘区/隐秘的我
自己不知道	盲目区/盲目的我	未知区/未知的我

　　约瑟夫和哈里用窗户式的图形表现了四种自我认知的类型，因此这个理论被称为"约哈里之窗"。约哈里之窗回答了前文的疑问：当我们做出一个决定时，周围的人会因为看到的是自我的不同区域，因而呈现出不同的态度。

　　约瑟夫和哈里认为，通常情况下，人们总是展示公开的我，隐藏隐秘的我，忽视盲目的我和未知的我。表现在外在行为上，就是刻意展示自己所认为的优点，回避缺点，这样反而走向自我认知的误区。

　　其实，要获得更好的自我认知，我们要尽可能呈现公开的我，正视自己的优点和缺点，扩大公开区；同时尽可能地减少盲目区，通过反省和理性沟通来填补盲目的我；适当保留隐秘区，给隐秘的我留出一个可以承受的空间；不断拓展未知区，通过学习和科学的自我分析，了解和掌握自我的真正潜能。

❷ 恩赐和诅咒：你的天赋在哪里，致命点在哪里

荣格与后来的分析心理学家们总结出了众多的原型，每种原型代表了不同的内涵与力量。众多原型之间没有优劣好坏的分别，每种原型都有自己的特质、天赋的恩赐和阴影的诅咒。在自我探索的过程中，每一种原型发挥的力量都同样重要。

但是荣格认为，每一种原型内部都存在对立面，即同一种原型带来的体验可能指向两种极端。以父亲原型为例，积极的一面指向"强壮的、支持的、能够提供帮助的"意象，消极的一面指向"暴虐的、统治的"意象。不论是指向哪一种极端，这都将会导致我们无法与权威相处，或是感到自卑，或是暴露在伤害中，无法体验到一个真正完整的"父亲意象"。

在卡罗尔博士所总结的12种原型中，也存在着天赋的恩赐和阴影的诅咒两个对立面。当某一原型被压抑或忽视的时候，其阴影的力量会变强，甚至会给个体带来自我的混乱。而原型的天赋恩赐，则是原型的潜能力量，属于自我的未知领域，它代表的是一种潜在的可能性。

法国哲学家笛卡尔在17世纪的时候提出"天赋观念"这一哲学理念。他认为，人类的知识和观念有一部分是天赋的，与生俱来的，原本就存在于人类的思维中。也就是说，人类在出生的时候，大脑中就已经被"植入"了一些具有普遍性和必然性的公理、原则，人类的成长就是以此为基础进行的逻辑演绎。

人类原型是通过遗传获得的，因此每个人的集体潜意识中都存在众多相同的原型。但是原型带给每个人的体验并不相同，而且指向积极和消极两个方向。因此，原型的"天赋潜能"与"天赋观念"并不相同。

荣格也反对将"原型"与"天赋观念"等同看待。虽然从内容上看，二者确实存在共通点，但是原型所具有的天赋并不是早就存在于个体内心深处，等待着被发现，而是代表了一种可能性。随着成长经历的丰富和自我觉察能力的变化，原型的天赋可能完全显现，也可能完全不显现。因此，原型的恩赐只是一种潜能，是自我可能到达的程度。卡罗尔博士总结了12种人格原型的恩赐。

天真者的恩赐：信念坚定，乐观，对人忠实，信任世界，愿意坦诚地展示自己，公开的我比较多；

孤儿的恩赐：有同理心，能够理解他人的困境和感受，愿意与人相互扶持，了解现实与世故，偏好实用主义；

英雄的恩赐：充满勇气，具有强大的竞争力，重视原则和纪律，懂得练习和训练的重要性；

照顾者的恩赐：富有同情心，慈悲，慷慨，乐于分享；

探险家的恩赐：独立自主，目标感强烈，有理想，有雄心壮志，对外界充满好奇心，了解自己想要什么，忠于自己的欲望；

情种的恩赐：对他人充满热情，能够欣赏他人的优点和美好之处，愿意为对方奉献一切，追求爱的体验，敢于承诺；

反抗者的恩赐：对自由有着格外的向往，谦逊，不狂妄，积极接受和面对一切失去；

创造者的恩赐：具有创造力、想象力和特殊的才能；

小丑的恩赐：自在，不论处于什么样的环境，都能看到事物有趣的一面，自得其乐；

智者的恩赐：聪明，有领悟力，理性，顺其自然，不执着；

魔术师的恩赐：拥有疗愈他人和自愈的能力，善于发现独特的视角，高效解决问题，擅长自我学习；

统治者的恩赐：擅长控制，既具有影响他人的领导力，也具有控制自己的责任感。

原型存在于每个人的潜意识之中，但是原型的恩赐所带来的积极品质则是需要我们去唤醒的。好消息是，这是每个人都有机会获得的潜能；坏消息是，唤醒原型的积极品质需要经历长时间的学习，而学习困难可能与某个未唤醒的原型有关。

不过，心理成长的目标，并不是成为更好的自己，而是更好地成为自己。我们不需要唤醒全部的原型，每个人都有自己的主导原型。因此我们要发现适合自己的原型，探索占据主导地位的原型，而不是追随其他人所鼓吹的原型。只要找到自己的主导原型，了解其特性和需要学习的功课，就能唤醒属于自己的天赋潜能。

❸ 如何判断你的主导原型

我们的潜意识中存在着全部的原型，但是这些原型并不是同时运作的。在人生某个阶段，只有一种或几种主导原型在发挥作用。

当前的主导原型决定了我们怎样应对自己的生活。当我们的主导原型是天真者时，即使深陷困境，我们也能很快恢复乐观。当我们的主导原型是英雄时，我们会有克服困难的勇气，并且能理性地列出可用的资源，制订计划，应对困境。当我们的主导原型是照顾者时，我们会及时给予自己鼓励。如果困境无法克服，最终失败了，那么在智者原型的主导下，我们也会及时总结经验，变得更有智慧。

为了更好地识别原型，卡罗尔博士和她的同事研发设计了原型探索量表，量表中包含了72道题目。测试者需要根据自己的情况，针对每一道题进行选择。为了便于理解每种原型，以及方便计分，本书将原型探索量表拆分为12个分量表。具体的测试内容可以翻看第七章至第十八章的最后一节。

根据一定的心理学理论，使用一定的操作定义，按照一定的法则，为人的行为和心理属性确定一种数量化的价值的过程，叫作心理测量。但是人的心理属性与事物的物理属性不同，它并不是直观可见的。

颜色、重量、长度、速度等都是可以直接观测的物理属性，情绪、注意力、创造力、人格、原型等则是无法直接观测的心理属性，只能通过外在的行为间接衡量出来。例如情绪出现的时候会伴随生理反应，通过测量呼吸、心率、体温等可以评估情绪的强烈程度；通过统计完成答案的数量、独特性和思考时间，可以评估个体的创造力。

测量可以由研究者进行，也可以由测试者自己进行。卡罗尔博士设计的原型探索量表就是一种由测试者自己进行报告的量表，测试者需要诚实地进行回答。

为了便于记录，心理测量的结果用数字表示，但是这里的数字和平时使用的数字存在很大差别。在原型探索量表中，每种原型的分数只代表程度的多少。比如天真者原型的分数是20分，统治者原型的分数是10分，只能表明个体当前与天真者原型的匹配程度较高，不能说明个体与天真者原型的符合程度是统治者原型的2倍，也不能将两个不同测试者的分数进行比较，区分谁更加典型。

所以，不必在意你的量表分数与同学、朋友、伴侣的分数差异很大，这并没有意义，只要统计自己的主导原型（分数超过15分的原型）即可。主导原型展示了此刻的我们是如何看待自己和这个世界的。只有承认和接纳当前的自己，才有机会通过原型发展内在的天赋。否定和拒绝当前的自己，只会压抑原型，并让我们陷入更大的心理危机中。

第五章
与天赋同行？与环境同行？

　　在生活中，有的人将一切成功都归因于先天的遗传天赋，所以通过各种方式寻求更好的基因；有的人将一切收获都寄托于后天的教养环境和成长环境，因此争取更好的教育资源和更好的人文物理环境。这导致我们有时候也会面临与天赋同行，抑或是与环境同行的选择。

① 人格的遗传天赋

人的心理很神奇，它既缺少实体，同时又拥有实体。比如，我们无法说清楚注意力在哪里，但是却可以通过集中精神时活跃的大脑区域及外在的行为表现，来证明当前的种种就是注意力在发挥作用。这是因为人的心理活动是大脑活动的产物。因此，每种心理活动的表现都取决于大脑的发育情况。换言之，人的心理脱离不开生理基础。

而人类的生理基础取决于遗传基因。基因来源于父母，孩子能够精准而稳定地复制父母的遗传物质。也就是说，在受精卵形成的那一刻起，就已经决定了这个生命未来会拥有怎样的身体机能，譬如眼睛的大小、身体的健全程度、患某种疾病的概率。

基因对生理发展的影响是直接的，对心理发展的影响是间接的，它并不能直接支配行为。比如，只存在影响免疫力强弱的基因，却不存在影响是否合群的"内向基因"或"外向基因"。也就是说，基因直接决定一个人的相貌、身高、体质，而这个人可能因为对自己的身体状态感到害羞而不愿意和人接触，做出回避社交的行为，并发展出内向的人格特质。

由此可以看出，基因对心理发展的影响是通过生理机能起作用的。我们不能通过测查基因而判断一个人对世界的态度和感受，但是可以通过社会文化对某种生理机能的态度而推测这个人可能面临的心理压力。

在19世纪60年代末，英国心理学家、人类学家高尔顿提出了遗传决定论。他认为，人类的智力水平、性格、道德的差异都是由遗传决定的。这样的观点大大影响了当时的教育领域，甚至政治领域，但是现代科学研究已经证实了遗传决定论的极端和弊端。

其实人的心理并不是由基因决定的，基因只是在人格形成的过程中产生重要的作用。决定论是一个哲学概念，它认为世间的每件事，不论物质层面的还是意识层面的，都是由因果律支配的，都是有原因的。如果事先掌握与这件事有关的所有因素，就可以精准地预测这件事是否发生。

比如，只要控制影响人格发展的因素，就可以预测这个人会有怎样的个性特征及行为。其实，基因只是与个性相关的因素之一，家庭结构、受教育程度、社交状况、民族文化、社会主流方向等因素也都会影响个体的成长及其对世界的态度。所以，人格的遗传决定论是不准确的，遗传重要论相对来说才更合适。

我们常常因为逻辑上的模糊和偷懒，简单地把事情归因到一个结论。例如有研究发现，一对同卵双胞胎从小被分开抚养，其间一直没有取得联系，长大后两人相见时发现，他们有着相同的爱好，养着同一种宠物。这时，人们很容易忽略掉其他变量（例如个案数量、同龄人的爱好情况），从而得出基因更强大的结论。但是，人的心理如此复杂，任何一个看似简单的心理现象都是由诸多因素影响的。遗传只是为个体定格了一个发展的轮廓，在这个轮廓里，我们有很多条成长路径。

比如我们遗传了发出声音和学习语言的能力，但是有的人能够很快掌握两种，甚至更多种语言，有的人学会一种语言都很困难。这是因为基因只构成了个体的生理基础，而能否把握住语言发展的关键期、学习语言的动力水平、学习过程中被鼓励还是被批评等因素，都会影响个体对语言的掌握情况。

❷ 人格的教养环境

我们出生后慢慢长大，学会走路，自由地去探索和了解周围的世界，我们和后天环境的连接会越来越紧密，环境对人格的影响也会越来越大。尽管基因具有稳定性，但是进一步的研究证明，即使个体的某些特征基本由遗传决定，也会同时受到环境的影响。比如，研究证实身高在很大程度上是由遗传基因决定的，但是如果个体长期营养不良，或者经常进行专业的运动训练，那么身高也会受到一定程度的影响。其实，后天环境对心理的影响远比人们想象的要大。

于是，也有一批心理学家更关注环境的力量。例如家庭结构的影响，是独生子女还是多子女家庭；养育者的影响，是与亲生父母还是隔代老人长期生活；家庭教养方式的影响，父母是专制型、放任型还是民主型；社会文化的影响，男生需要刚强，女生需要柔弱，北方人幽默，南方人细腻等。

很多研究也确实证明了环境的力量。但需要注意的是，这些研究并没有明确得出结论：某种教养环境一定能够培养或预测某种人格特质，也不能简单概括出哪种教养环境最好。

心理学家们只是得到这样的研究结论：对于人格发展来说，成长在同一个家庭中的兄弟姐妹所拥有的独特经验，比在家庭中的共同经验更重要。另外，偶然发生的事件对人格发展的影响力更大。

在考察人格的教养环境时，人们也会陷入遗传决定论的另一个极端——环境决定论。19世纪末期，行为主义心理学家华生说过这样一句引人深思的话：给我一打健康的婴儿，一个由我支配的特殊环境，让我在这个环境里养育他们，我可以担保，任意选择一个，不论他们父母的才干、倾向、爱好如何，他们父母的职业及种族如何，我都可以按照我的意愿把他们训练成为任何一种人物——医生、律师、艺术家、大商人，甚至乞丐或者强盗。

这个观点，现在看来既狂妄又经不起推敲，但是却影响了美国当时的教育理念。即使时至今日，很多家长在不知不觉中践行这个观点。他们认为，自己为孩子安排的成长计划、设定的成长环境、做出的成长选择，可以让孩子成长为自己所期待的那个样子。

环境决定论的又一个代表是弗洛伊德，他强调的是家庭环境中父母的教养方式。这位精神科医生根据大量的临床治疗数据，发现成年人的心理疾病都可以追溯到童年期与父母有关的经历。但是过去无法改变，很多希望通过弗洛伊德的理论得到疗愈的人，也会因此陷入更深的无力感和抱怨中。

荣格认为弗洛伊德的结论是片面的，个人成长过程中所经历的具有特殊意义的事件和影响，其实是情结，它存在于个体潜意识中。而人的内心深处还有一个集体潜意识，集体潜意识中存在着发挥巨大作用的、来自遗传的原型。原型影响着人格的形成，同时也是人格健全的源动力。

环境固然对人的心理，尤其是人格发展有重要的作用，但是只看到人格的教养环境，而忽视其他因素，只会作茧自缚，把自己困在过去的"因"里。毕竟所有的影响因素，都不能百分百地掌控人格。人是如此神奇，在百万年的进化之路上，我们一直都可以找到更好地成为自己的方式和途径。

❸ 人格的方向

　　1957年，英国生物学家沃丁顿曾经用一个很形象的类比描述了遗传与环境之间的关系。他认为，人的发展就像是在一片风景地里滚过的小球，风景地代表基因，让小球滚动的动力就是后天环境。

　　风景地并不是一马平川的，而是有着山丘、深谷，这些坡度就是不同的遗传基因所发展出的生理特征。环境的力量加诸小球上，小球向前滚动，但是这个力能否帮助小球顺利翻越山丘，或是折返到另一个方向，或是滞留在山谷中，这些都是未知的。未知也就赋予了人格发展的各种可能性。随着年龄的增长，以及对自我的全面了解，小球的路径和最终位置会越来越清晰，但是这个小球会一直受到风景地的轮廓和作用力的共同影响。

　　尽管遗传与教养之争，或者说天赋与环境之争由来已久，但是越来越多的事实证明，我们就像这个小球一样，会受到两种因素的共同作用。二者之间并不对立，也不存在谁的力更大的问题。每个人都是独特的个体，每个人都有自己的成长方向。

　　很多社会调查常常报道某个特定的环境对孩子的成长造成不

良影响，例如单亲的家庭、隔代抚养的家庭、物质匮乏的家庭等。很多结论其实都经不起验证和推敲，因为它们忽视了遗传基因的作用。一个焦虑的家长并不一定养育出焦虑的孩子，在暴力中成长的孩子不一定就成为暴徒，在同一家庭中成长的兄弟姐妹的个性发展也是完全不同的。总之，个体的生理基础会部分消解环境的影响。

另外，即使我们的某些特质大部分是由遗传决定的，但我们并非被动地面对外在的环境，而是会通过主动创造和匹配合适的条件来积极应对。例如，对于性格内向、不善交际的人来说，他们并不一定非要强迫自己变成一个活泼外向的人，而是可以培养符合自己特质的特长和爱好，比如发挥自己的画画或音乐天赋。这样他们就可以避免需要人际交往的生活方式，回避让自己不舒服的环境，尽可能地同时匹配先天的遗传优势和后天的环境条件。

也就是说，遗传和环境总是交互作用的。先天的遗传给予我们成长的可能性，后天的环境则带来不同的学习任务，这样的学习和探索能够增强小球受到的力。我们可能无法准确预测自己将会走向哪一个目的地，但是通过调整受到的力，我们会尽可能观察到将要经过的路径。这个过程会帮助我们避免陷入低谷，自怨自艾，或是经受不断滑下陡坡的挫败。人的心理奇妙而复杂，一切的人格发展方向都是有可能的。

第六章
越有价值，才越爱自己

生命对于每个人来说都只有一次，不论你正在经历怎样的人生，你都期待能够体现自己的价值，实现个人价值的最大化。马克思主义认为，一个人的价值包括社会价值和自我价值两个层面。社会价值是一个人为社会或他人做出的贡献和承担的责任，自我价值是对自我发展和成长需要的满足。

一个人只有发展出完善的自我，才能为他人和社会做出贡献。一个人只有真正地爱自己，人格独立，才能够爱他人。就像《礼记·大学》中提到的："身修而后家齐，家齐而后国治，国治而后天下平。"追寻生命的价值和意义是我们一生的课题，实现这一课题的重要前提就是，通过内在的探索实现自我成长，使人格达到自性化的统一，这也是荣格提出的每个人内在发展的终极目标。

① 自性化

自性化是荣格在论述人格发展的时候提出的概念。人们经常使用"自我"表达对自己的认知，比如自我价值感代表一个人的自尊水平，自我效能感代表一个人的自信程度，自我满足感代表一个人的幸福感受。

但是荣格发现，自我只是意识的中心，无法表达潜意识的部分。于是荣格提出了自性，它是整个心灵的核心。我们可以想象人的心理是一个球体，球体表面有一个圆形代表意识，意识的中心点就是自我，而球体的中心点是自性，意识与球体的连接处遍布着许多情结（详见图1所示，引自河合隼雄《情结》）。自性不仅位于心灵的核心处，同时一直发挥整合作用，统一整个心理。

图1 自我与自性

自性是荣格的原型理论中最重要的原型。自性原型可以促使其他原型的秩序化，所代表的内涵是完整。人们寻找更加真实的自我，追求人格的独立和健全，其根本的源动力就是自性原型。当自性的力量被压抑，自我就会陷入认定未来失败透顶、毫无希望等固化认知中，这时个体就会出现心理问题或精神疾病。

荣格认为，各种精神疾病的症状是当事人在潜意识深处想要获得更完整人格的外部表现。所以，荣格主张心理治疗的基本目标不是针对症状，而是发展人格，帮助当事人摆脱囿于外部世界，不能回归并重建精神世界的处境。荣格把这个过程叫作"自性化"，自性化就是自性实现的过程。

自性是一个人全部的潜能。自性整合了心理的对立面：善与恶，神性与人性。不被察觉的自性像是一股没有固定方向的决定性力量，但是个体可以通过意识的觉察而做出选择，将自性引向某个方向：沉溺于阴影中，或是平衡阴影的膨胀；控制欲望，或是顺从欲望。至于具体做出什么样的选择，依旧取决于我们自己。自性化是一个主动的自我突破的过程。

自性并没有确切的具体形象，但是我们都能感觉到内心深处一个更加完整的、层级更高的"我"。结合卡罗尔博士的12种原型理论，每一种原型都在帮助我们重新认知和定义自我的价值，追求更加健全的人格，补偿意识自我的局限性。

自性化是一个人真正成为自己的过程，在这个过程中，人们不是变得更加"以自我为中心"，也不是拥有了更强的"自我意识"，而是表达出特定的、存在于集体潜意识中的"本来的我"。荣格认为，一个人正确的自我成长的目标是获得完整，而不是追求完美。整合心理层面许许多多的碎片是一个不可能完成的任务，所以自性化是一个永无终结的过程。我们一直在完善自我，一直在自性化的进程中。

❷ 自性化的途径

虽然完成荣格形容的自性化是一种理想状态，但是自性原型的力量一直鼓励人格的发展，而且很多的成长与改变在我们还没有意识到的时候便已经开始了。自性化任重而道远，有这样几种途径能够帮助我们朝向自性化更好地实现个人价值。

首先，接纳自我。每个人都有着自己的阴暗面和积极面，每个人都有无法启齿的错处和遭遇，也有忍不住想去炫耀的高光时刻。但是我们总是尽可能地展示那些积极的、绚丽的、阳光的自我，同时想办法隐藏、躲避、不承认那些失败的自我。因为人们相信，在接受一些负面的事情时，这些事情会以各种意想不到的方式压倒我们。其实并非如此，面对真实，我们才能知道当下的自我处于什么样的阶段。

荣格说过："只有从我们所在的地方才能前进。"只有面对真实的自己，我们才能够朝远处的目标前进。接纳自我的意思是承认所有与自我有关的事实，这与我们对每件事情的态度无关。承认在人际交往中受到挫败，这就是自我接纳，分析其中的原因则是与态度立场有关的部分。我们有时不能接纳自我，就是因为跳过了事实这一部分，只着眼于态度立场是否正确上。然而事实没有对或错的分别，事实就是事情本来的样子。

接纳他人对自己的伤害，是自我变得成熟而坚强的前提。接纳自己的失败，我们才能与自己和解。接纳与自己的观点不同的人，我们才能获得从未接触过的新知识。只有披荆斩棘，我们才能走出一条平坦的路。因此，接纳自我是获得自性化的第一步。

其次，正心诚意，明心见性。荣格的理论受道教、佛教、《易经》的影响很大，所以，荣格关于自性的论述常常与中国的传统文化产生共鸣。我国分析心理学家申荷永教授在总结自性化的途径时，借用了"正心诚意，明心见性"的理念。"正心诚意"出自《礼记·大学》中的"欲正其心者，先诚其意"，含义是心地端正且诚恳。"明心见性"出自佛教经典，代表摒弃世俗的一切，彻悟本性。完成自性化的第二种途径，要求我们秉持真诚的信念，保持专注。

最后，不断地学习和丰富人生的经历。虽然每个人的集体潜意识中遗传了来自祖先的所有信息，但是这些信息处于尘封的状态。无论我们处于怎样的人生阶段，只有掌握和理解关于原型、自性化、人格、自我价值等一系列的知识，才可以将潜意识的内容意识化，化解很多的疑惑。

那些由潜意识层面的冲突所带来的心理问题、疑惑、困扰及症状，只有在被意识捕捉到的时候，才能得到消解。当我们进一步观察原型，理解其具备的能量时，我们就已经走在了自性化的路上。这个意识化的过程，可以通过学习的方式直接觉察，也可以通过各种人生经历去感悟。卡罗尔博士曾在书中写过，人生体验越多，获得的来自原型的感悟越显著。

❸ 重新发现属于自己的神话

过去的我们一直生活在束缚中，有来自父母的期望，有来自社会的刻板印象，有来自家庭的责任，也有来自自我的不合理信念。我们就像在一个规则的容器中度过自己的一生。现代社会的发展和信息更迭帮助我们弱化了很多外部限制，我们开始理解事情的真相，开始接纳自我，但是新的问题和担忧又出现了，我们需要选择和创造一个便于自性实现的"新容器"。不过好消息是，心理学者们给出了一些指引。

心理学家马库斯和纽瑞尔斯在1986年提出，人们将未来的自我形象分成三个部分：理想自我、预期自我和恐惧自我。

马库斯和纽瑞尔斯认为，理想自我是个体希望自己能够做到并努力实现的自我形象。比如我们希望自己在理想的城市做最热爱的工作，最受朋友的喜爱，成为成功的创业者、被追捧的艺术家，以及对生命有独到理解的人。一方面，理想自我会给我们带来动力，另一方面，我们也会因为没有实现理想自我而感受到压力。理想自我不需要所有人保持一致，因此每个人的理想自我并不相同。

现实中，理想和希望并不一定会实现，根据现在的自己所具备的资源和能力，根据自己的个性和韧性，根据家人的支持程度，我们可能走向一个不同的自我，一个人事实上最大概率会成为的样子，马库斯和纽瑞尔斯称之为预期自我。预期自我可能让我们满意，也可能让我们抱怨。有些时候，我们可以通过努力改变预期自我；有些时候，我们只能顺其自然地接受预期自我的出现。

还有一种未来的自我形象是人们害怕成为的样子，马库斯和纽瑞尔斯称之为恐惧自我。例如，濒临死亡的我，失去爱人的我，破产的我。恐惧自我并不都是因为意外或懈怠导致的。有时候，尽管我们具有某些机缘和天赋，并且愿意付出时间和汗水，但是依然阻挡不了我们走向某个状态。就像是人们对真正的悲剧的形容：所有的事情都是合逻辑的，所有人都是正常的，甚至是善良的，事情仍然无可挽回地缓缓滑向溃败。

表1　三种未来的自我示意图

	理想自我	预期自我	恐惧自我
职业身份			
家庭生活			
人际关系			
经济收入			
身体状态			
兴趣爱好			
……			

可以尝试填写表1，我们会发现理想自我和预期自我之间、预期自我和恐惧自我之间会产生交叉。例如，在职业身份部分，

理想自我是升职成为主管；结合目前的绩效情况、人际关系、资历、单位近期的人事安排等，预期自我可能有几种情况：升职主管或职位不变或被辞退；而对应的恐惧自我是被辞退。当理想自我和预期自我的交集更多，人们会对未来充满希望。当预期自我和恐惧自我的交集更多，人们会更加理性地规划人生。这两个部分将影响"新容器"的构建。

每个人都有属于自己的理想，也都有创造神话的可能。这个神话并不是虚无的，它本就存在于我们内心中。当我们全面而深刻地认知自我，整合内在的原型力量，就能在自性化的过程中重新发现属于自己的神话。

原型的意义是丰富每个个体的生命。我们在最普通的生活中表现原型的力量，也通过特定的方式唤醒原型。每一种原型都会渐渐融入自我。我们的目标并不是弥补弱势原型，而是发展主导原型，认清当前原型的运作方式和规律。心理学相信，我们当前对环境的每种反应都是正常的，只是我们还没有真正地理解这些反应，因此产生了不合理的认知，甚至阻碍了个人价值的最大化。

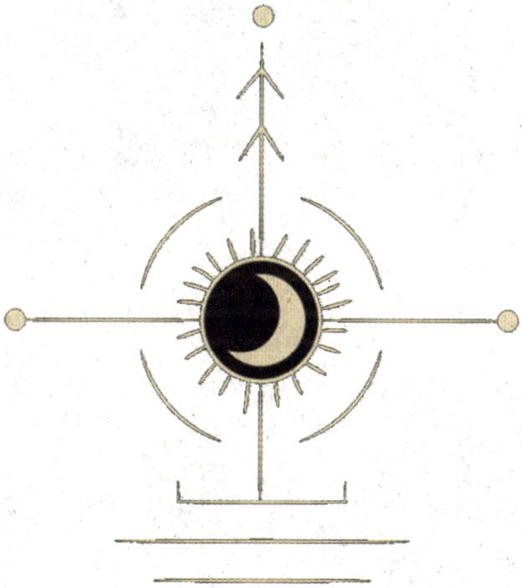

PART 3

十二原型与內在天赋

12原型是每个人潜藏在自我中的不同人格侧面，美国原型心理学家卡罗尔博士对每种原型进行命名和论述。这12种原型的名称在现实生活中很常见，但由于我们每个人的知识结构和生活背景不同，所以对某些原型带有明显的价值倾向。其实每一种原型都有不同的优势、目标、阴影、沉溺行为，对自我探索和成长都同样重要。因此，为了更好地理解12原型，在阅读每一章节的时候，请暂时忘记对每个原型名称的已有认知，以便重新理解其蕴藏的内在力量。

12原型并不是将我们分成了12种类型，而是同时存在于每个人的集体潜意识中，只是它们的觉醒程度不同。所以，在阅读的过程中，我们可能会发现，每种原型都能对应某个成长阶段的自己，只是在特定的时间里，某种原型主导了我们的行为。而认清哪种原型在主导我们的人生，我们就能看清自己如何认知这个世界，以及以何种方式表达自我，也就能理解自己为何会深陷某些痛苦中，最终目的是寻找到新的方式获得爱与幸福。

此外，本部分的每个章节中都节选了卡罗尔博士的原型测量量表（原量表参见 *Awakening the Heroes Within ： Twelve Archetypes to Help Us Find Ourselves and Transform Our World*，1991）。得分最高的原型就是你当前的主导原型。在了解本部分内容之前，也可以先翻到每章的末尾分别进行测量，或者从自己感兴趣的某个原型开始阅读。毕竟在我们每个成长阶段中，每种原型都会随时出现。

第七章
天真者

the innocent，英文原意是指天真无邪的人、幼稚的人、（犯罪或战争中）无辜的受害者。在中文里，天真的意思有两种：心地纯真、性情直率；头脑简单、容易上当或被假象迷惑。在古代的诗文中，天真也指代不受旧礼习俗约束的品性，《庄子》中有"礼者，世俗之所为也；真者，所以受于天也，自然不可易也。故圣人法天贵真，不拘于俗"。天真有时候也指代事物本来的面目，南宋文学家杨万里的诗中是这样描述的："万顷湖光一片春，何须割破损天真。"

对于天真者原型的解读，我们可以结合英文和中文的释义。天真者原型代表着相信一切，单纯、善良，喜欢简单、自然，是彻底的乐天派，也是理想化的乌托邦主义者。他们固执地坚守自己想象中的美好世界，是纯真无邪的人、浪漫主义者，也是梦想家。

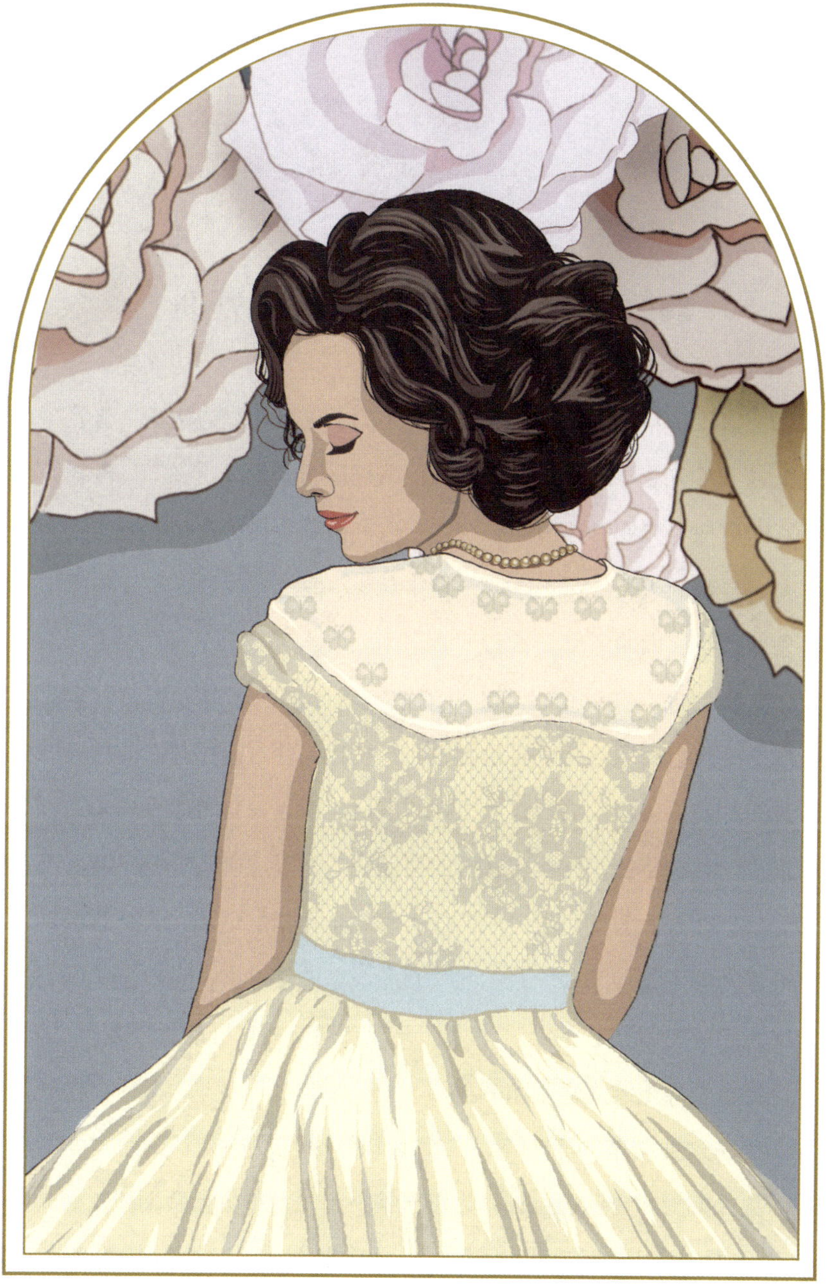

❶ 天真者原型对自我探索的帮助

自我又叫作自我意识，是一个人关于自身存在的认知。自我既让我们知道"我是谁"，也帮助我们区分"我不是谁"。自我不断试探着我们对环境的影响力，也在协调着环境对我们的作用力。自我的成长依托于原型，因此卡罗尔博士尤其论述了12种原型对自我探索的意义。

我们生存在这个世界上，都期待着周围的环境是相对安全的。天真者原型认为世界是美好的，也真的存在乌托邦，向往天堂般的美好之境，渴望自由自在的生活。所以天真者原型鼓励人们相信外在环境，并学习必要的生活技巧，以适应所处的环境。

即使是面对不可能完成的任务和完全无措的绝境，天真者依旧保持着希望和乐观。因为在天真者原型的信念中，世界是美好的，它不会亏待任何人。于是，天真者期待被这样的世界接纳，期待被世界上的人喜爱和赞美。

在这种原型的驱动下，个体会以这个世界中公认的、被大多数人接受的角色为目标，为自己编织出一个符合社会期待的人格面具。所以天真者原型发挥主导力量的时候，个体会展现出很多积极正向的品质，例如纯洁、诚实、和平、乐观、忠诚、简单等。然而当天真者原型所处的环境充满暴戾和欺骗时，他们的潜意识也只会让自我迎合当下的社会期待，变得颓废、残暴。因为天真者原型的目标是维持所处环境的安全感，最畏惧的是被环境抛弃，被他人批评做错了，以及不符合当前环境对自己的期待。

天真者原型对环境的信赖程度高于对自己的。他们相信世界，同时相信世界上的一切权威，不论权威是否站在自己的立场上，也不论在他人眼中权威是否是值得信任的人。因此，当父母不公平地提出批评或指责时，当教师采取不合理的教育方式时，当规则执行者做出出格的事情时，他们首先会反思自己，从自己的身上寻找原因，并认同他人对自己的负面评价。也就是说，如果环境对某件事有明显的立场或认定某个人是错的，他们也会跟随其观点。因为天真者原型期望自己和世界上的所有人都高兴，并相信只要遵循世界的规则，就可以自在地生存下去。

天真者原型具有鼓励自己和他人的力量。由于无条件地信任环境，他们不论处于什么样的困境，都坚信能找到解决的途径。因此天真者是坚强的，不会屈服于挫折；天真者也是乐观的，总会看到事情的积极一面；天真者更是坚定的，会为了心中的理想毫不动摇，坚持到底。

天真者原型总会指引自我看到乌云背后隐藏的太阳金光，这样的积极与快乐特质也会感染其他人。美国娱乐公司迪士尼就是典型的天真者原型的意象化代表之一，迪士尼拍摄了很多温馨而美好的童话故事和动画片，塑造的角色都很善良、天真、忠诚、勇敢。迪士尼乐园的人偶也完全由真人扮演，为大家营造了一个童话世界。每个走进迪士尼乐园的儿童和成人，不论其主导原型是什么，他们都会感受到美好，备受鼓舞。迪士尼享誉全球，正是因为它唤醒了每个人潜意识中的天真者原型。卡罗尔博士说过，天真者原型是所有原型中最无害的一个。

天真者原型缺乏真正的独立。表面上看，天真者积极工作，为人和善，身边的人很愿意为他们提供支持和帮助。但是这样的帮助是一种照顾，一种对小孩子的照顾。因为天真者在潜意识中将环境中的他人和自己代入了"母亲与孩子"的角色，他们会在无意识中展现自己的依赖和脆弱，以激起他人的照顾意愿。此时的天真者原型处于发展的初级层级，虽然看上去是享受的，但本质上是未成长的、不负责任的。不过，这也是天真者原型发展的契机，当他们失去环境的照顾，体验到失望，经历"沉沦状态"——幻灭、失望、失落，并重新找回对生活的信心，天真者原型将会进入到第二个层级。关于发展层级，我们将在后文关于"原型的唤醒"中继续展开。

❷ 天真者原型的阴影与沉溺

每个人都会体验原型的阴影。尽管天真者原型展现出很多积极正向的品质，但是世界的真相并不完全与天真者的判断一致。为了保护自己对世界的完全信任之心，天真者原型会否认、拒绝、压抑和逃避现实，并展现出行为和心理层面的危机。

天真者原型的第一个阴影是拒绝，比如拒绝失望，拒绝相信权威对自己的背叛，拒绝事实和真相。所以，天真者有时会排斥有关犯罪的社会阴暗面新闻，拒绝深刻探讨关于人性的文艺作品，不喜欢看绝望的灾难片。天真者会用各种修饰性的理由拒绝——"画面太过残忍""作者立场有偏颇""我的共情力太强""无法平复感受"……

天真者原型的第二个阴影是拒绝相信父母、师长或爱人不爱自己，所以会为这些人的行为寻找各种借口。他们会更容易因为父母催促自己结婚而焦虑，会因为老板不合理的加班要求而疲于奔命，也会因为社会流行的"白、幼、瘦"的审美标准而苛责自己。

当你在抱怨自己所感受到的压力和挣扎时，可能总会和朋友或咨询师强调：其实父母是爱你的，老板是器重你的，他的心里是有你的……然而，就像美国电影《他其实没那么喜欢你》（*He's Just Not That Into You*）中的台词："亲爱的，你知道那个男孩为什么那么做，为什么这么说你吗？因为他喜欢你——就是这句，是我们一切烦恼的开端。这是多么鼓舞人心啊………不，是蛊惑人心，为什么我们老这么说？是因为一语道破真相对我们来说太惨无人道，而真相却如此显而易见——其实他没那么喜欢你。"

天真者原型的阴影不仅表现为拒绝有关他人的事实，还表现为不能面对自己的错误，不愿意为自己的问题负责。天真者原型认为符合美好世界规则的是对的，违反规则的是错的，他们也会认为遵守规则的人是完美的，不遵守规则的人是不完美的。当个体没有遵守规则时，天真者原型的积极特质会引导个体寻求成长，并及时调整自我，但是天真者原型的阴影则会引导个体想尽办法否定、遮掩责任，甚至转嫁给别人。如此，他们就可以不用面对自己的不完美，也不用为此感到焦虑或另做努力。只要错误都是别人的，他们就不用做出改变。

天真者原型的阴影还表现为盲目自信，甘愿忍受被骗的风险，也会不顾一切地去冒险。阴影并不总是呈现为生命层面的大危机，也会展现在日常的行为细节中。在玩娃娃机的时候，你有没有因为一次、两次、三次的失败尝试后，突然莫名地执着起来？即使你知道自己的技术有限，也要不断尝试，直到花光所有的游戏币？或许这时候，只有尝试接受失望，接受无法改变的事实，你才能减少心理上的焦虑和损失。

卡罗尔博士认为，被天真者原型的阴影所支配的人往往是焦虑的，他们处于既想要相信世界，却又无法完全相信世界的纠结中。

当某一原型的正面表现越少，人们就越有可能表现出更多的强迫性沉溺行为，也就是不良嗜好。这些不良嗜好可能是我们想改变却总是改不掉的，因为我们要改变的不是行为层面的自控力，而是潜意识层面的拒绝面对。

天真者原型的沉溺行为还表现为过度消费和迷恋甜食。你是否曾经在分手之后大买特买，疯狂下单之前犹豫很久的、超出预算的东西？你是否在遇到难题的时候，首先想到的是美味的甜品，认为吃完之后就天下太平了？不妨回想一下，当时的自己是不是在拒绝某些真相？

❸ 天真者原型的代表人物

岳飞，字鹏举，南宋时期抗金名将、书法家、民族英雄。

岳飞出身农家，天生神力，自幼读兵书、拜师习武，成年后参军从戎。当时的南宋屡遭金国入侵，并且一直溃败、割地、纳贡、求和，百姓惨遭杀戮和奴役。岳飞心中愤慨，参加义军招募，凭借自己的骁勇和战功，得到义军重用。随后的15年里，岳飞一直与金人抗战，收复失地，安抚百姓，整顿军队，他所率领的岳家军更是成为金军的最大阻力。

岳飞的故事可谓家喻户晓，岳飞的母亲为了坚定岳飞从戎报国的信念，在他的背上刺下"精忠报国"四个字，这更是成为岳飞一生的使命和写照。而岳飞在朱仙镇与金国大将对垒之时，他被宋高宗的12道金牌召回，导致河南失守。他被解除官职，奸臣更是以"莫须有"的罪名将其陷害入狱。最终，岳飞含恨被杀，在历史中留下了一段千古奇冤。

岳飞的身上有着很明显的天真者原型。身为武将，忠君报国是岳飞一直以来的信仰。即使朝廷软弱无能，甚至当时的宋高宗并不能完全信任岳飞，也站在主和的立场，岳飞依旧四次北伐，立下"直捣黄龙"的豪言壮志，并且多次进言上表。岳飞与宋高宗和朝臣们多年周旋，他未必看不清其中的种种算计，但是天真者原型的驱力让岳飞相信这个国家和制度，相信精忠报国是所有人的祈愿，相信事情可以按照本该有的样子进行——失地收复、百姓安居。历史中有这样一个细节，当岳飞受刑时，后背露出了"精忠报国"四个大字，主审官看到亦无法继续，而读到这段历史的我们也更加为之动容。

　　岳飞的结局受制于当时的历史背景和统治者的能力。我们以现在的认知和观点再去评价，可能会有更多新的感悟和思考。特别是从自我成长的视角来看，我们可以看到原型的强大力量。希望天真者在信赖环境的同时，也能增加独立判断的能力。

❹ 天真者原型的唤醒

　　当一个人还是婴儿的时候，他就开始感受和觉察这个世界。很多人以为婴儿是茫然无知的，身体和心理都处于被动的、需要被关注和照顾的阶段。但事实上，婴儿天生具有使用感情信号进行监测的能力。婴儿根据自己的啼哭和微笑判断成人对自己的关注程度。在饥饿寒冷的时候，婴儿会哭泣。如果成人能及时安抚自己，婴儿会满足地微笑，成人也会回以亲吻。

这时的婴儿根据成人回应的及时程度、提供的营养、表现出的情绪，在心理上逐渐建立起一个初步的自我轮廓：我是值得被爱的或不值得被爱的，周围的环境是可以信任的或者不可以信任的。卡罗尔博士认为，一个人对世界是否充满信任，源自童年时期是否被充分地照顾，并得到期待的关爱。而这种满足其实就是天真者原型被唤醒，并开始发挥作用。

我们在人生的不同阶段会有不同的成长目标，有些目标的实现可能需要两个完全对立的原型共同作用。只有将两种原型整合起来，我们才能顺利度过这个成长阶段。与童年期的生命课题相匹配的原型是天真者原型和孤儿原型。这两种原型的共同任务是建立安全感。当天真者原型占主导的时候，我们可能会过于乐观而无法察觉环境中的潜在威胁；当孤儿原型占主导的时候，我们虽然会觉察到危险，但是缺乏信任和乐观。只有将两种原型进行整合，并化解两者之间的矛盾，我们的生命才会更加充实。我将在第八章孤儿原型中详细论述化解方法。

虽然天真者原型在童年期就会被唤醒，但是它并不是童年期的专属。在整个人生阶段，每个原型都有机会被唤醒并发挥作用。

唤醒天真者原型的方式是心理上的献祭——失去。在很多古老的传说和神话中，人们会通过献祭"童男童女""纯净的宝石"等方式换取神灵的赏赐，即要获得心灵上的成长，就需要牺牲一些本真的、天真的意象。

电视剧《士兵突击》不仅讲述了一个士兵的成长故事，也讲述了一个人的成长过程。士兵许三多经历了种种选拔和训练，成为一名特种兵。但是他在第一次执行任务并击毙毒贩之后，才真正明白士兵的意义，成为一名真正的战士。他说："23岁时，我失去了天真，经历了死亡，再没有天真。"

天真者原型的发展会经历三个层级。第一个层级的天真者无条件地相信，世界就像自己所认为的那样美好，他完全信赖这个世界上的每个人。渐渐地，当天真者不得不面对这个世界的灰色地带，发现并不是所有人都值得信赖，并体验到幻灭和失望之后，天真者会失去一部分的天真想法，也会理解坏人放下屠刀可以立地成佛，好人办了坏事不一定万劫不复，内心的安全感不是来自世界没有阴暗，而是看到和接纳内心有善也有恶，有强也有弱。

此时，第二个层级的天真者原型出现，他们在经历不幸的时候，依旧保持对世界和自己的信心。幻灭与失落不会只有一次，如果他们每一次都能够重新体验天真者原型的乐观和信赖，那将会达到天真者原型的第三个层级：睿智的天真者。此时的天真者对世界的信赖和对安全的判断不再受到限制，也不再惧怕失去，不会逃避和否定。

　　心理的献祭是痛苦的，天真者原型的不断完善也是伴随痛苦的。但是只有经历更多的失去，内心的世界才会变得宽广。牺牲内心纯粹无邪的信念，才能因此获得更高的心灵智慧。

❺ 天真者原型的测量

　　请对以下题目描述的情况如实进行选择，尽可能根据第一反应快速作答，不要跳过任何题目：

　　（1）我觉得很安全。

　　A. 从来没有　　B. 很少　　C. 有时　　D. 时常　　E. 总是

　　（2）我相信，人们不会故意地伤害彼此。

　　A. 从来没有　　B. 很少　　C. 有时　　D. 时常　　E. 总是

（3）我可以相信他人对我的照顾。

A. 从来没有 B. 很少 C. 有时 D. 时常 E. 总是

（4）这个世界是一个安全的地方。

A. 从来没有 B. 很少 C. 有时 D. 时常 E. 总是

（5）我相信我遇到的每个人都值得信任。

A. 从来没有 B. 很少 C. 有时 D. 时常 E. 总是

（6）我确定我的需求是会被满足的。

A. 从来没有 B. 很少 C. 有时 D. 时常 E. 总是

分数统计：选择"A. 从来没有"记为1分，选择"B. 很少"记为2分，选择"C. 有时"记为3分，选择"D. 时常"记为4分，选择"E. 总是"记为5分。你的最终分数是：____

如果高于15分，那么天真者原型可能是你当前的主导原型，请继续阅读下一章的内容，最终的结果会在后记中汇总。

如果低于15分，说明天真者原型可能是你当前正在压抑或忽视的原型。出现这种情况的原因有三种：其一，你曾经的状态十分符合天真者原型的特质，但是你比较在意这一点，因此现在你正在调整或远离天真者特质。其二，你一直在有意或无意地压抑天真者原型，对比天真者原型的阴影和沉溺行为，是否和现在的你所遇到的某些情况是一致的？如果一致，可以尝试唤醒天真者原型，正视自己逃避的部分，重新认识这个世界，这样才能增加生命的活力。其三，这并不是你的主导原型，不要着急，请阅读完之后的章节再进行对比。

天真者原型帮助我们从积极的角度适应这个世界，关注一下生命中的单纯与美好，或许会有新的生命感悟。任何一个心理测试都不能完全取代我们对自己的理解，这个数字没有好坏、优劣之分，只是为我们进一步认识自己提供参考。

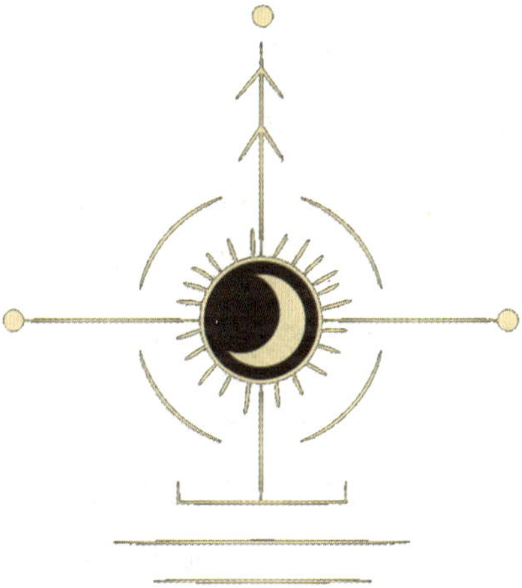

第八章
孤儿

the orphan，英文原意是失去了父母的孩子。作为原型，又常被翻译为孤儿、常人、凡夫俗子、普通人。

在现实世界中，孩子成为孤儿，意味着其父母已经去世。国家有相应的孤儿救助体系，能为这些孩子提供物质资源和教育资源，直到他们长大成人。但是在心灵世界里，孤儿原型强调的是幼失怙恃的状态，他们在还没有能力保护自己的时候，失去了本应关爱和照顾自己的父母。这种"丧失状态"或是父母不得不离开，例如去世，或是被父母忽视、遗弃，甚至虐待。

是否失去并不取决于外在的客观情况，而是取决于当事人的主观感受。也许一个人生活在父母双全、资源充足的家庭环境中，但是父母呈现出的教养方式与他的期待不相匹配，他认为父母更偏心弟弟或妹妹，无法及时回应自己的真实感受，那么也会产生这种丧失感。不幸的是，很多人在童年的时候都有这样的感受——每个人的内心都有一个被放逐在意识之外的孤儿。

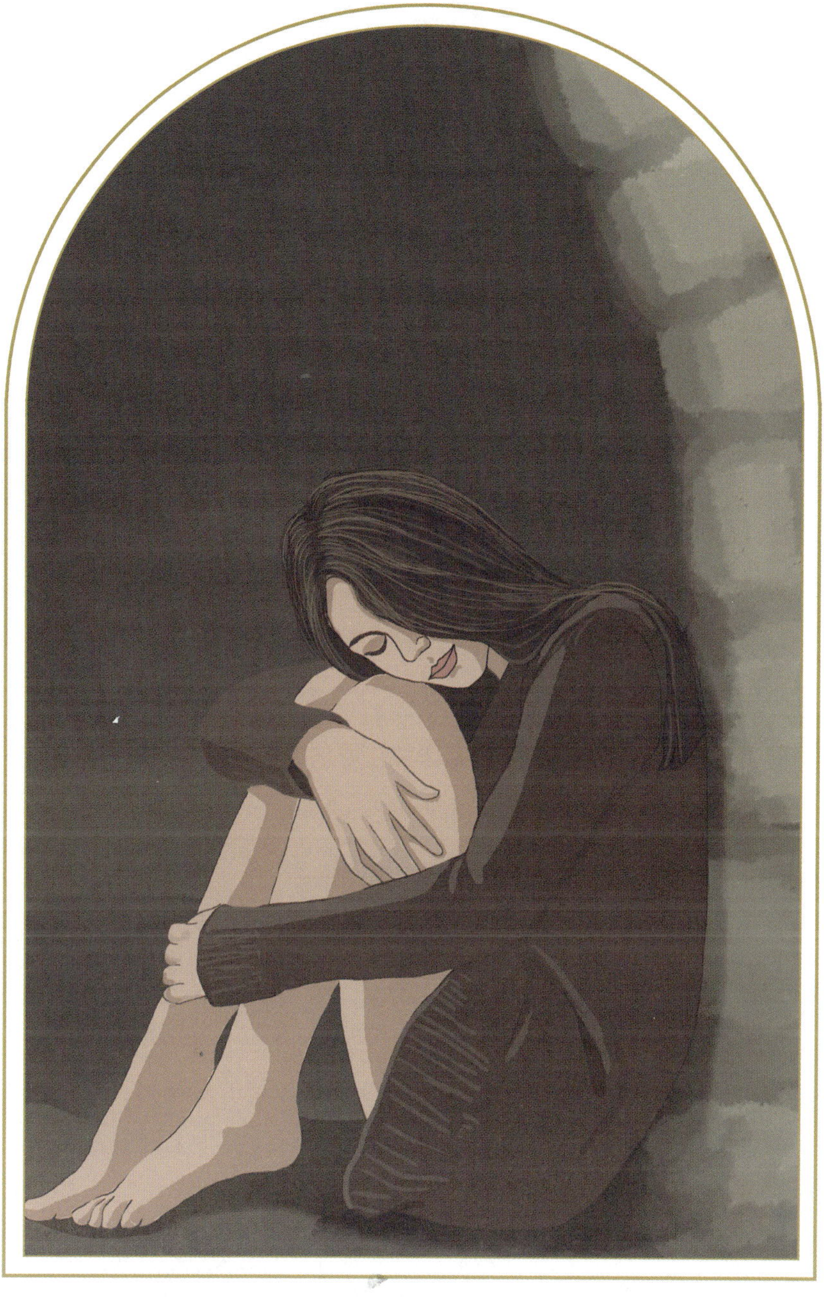

① 孤儿原型对自我探索的帮助

孤儿原型与天真者原型是一对关系密切又相对的原型。如果一个孩童体验到父母贴心的照顾，他就会获得天真者原型的信任感，从而对世界建立积极的认知。但如果孩童没有体验到父母的照抚，则会体验到孤儿原型的不安全感，对世界充满戒备。

卡罗尔博士认为，孤儿原型是一个梦想破灭的天真者，是一个失望的理想主义者。孤儿原型与天真者原型拥有需要解决的共同生命课题：安全感。天真者原型在通过各种方式维护安全感，孤儿原型在用尽全力重新获得安全感。

在成长的过程中，我们都曾经经历伤害：渴望亲情，但是总是被父母用错误的方式对待；期待友情，然而好朋友并没有把自己放在同样重要的位置；寻求真理，结果发现传递真理的先知不一定都是正确的；信奉努力就会得到回报，却发现并不是所有的付出都能换来想要的结果。于是，在孤儿原型的影响下，自我开始变得谨慎，对世界不抱任何希望，保护自己不被现实或他人伤害。

看上去，个体正变得消极，但是孤儿原型的天赋恩赐是同理心和实用主义。他们并没有自暴自弃，而是认清现实，在生活中积极转换为中庸的态度：再做事情的时候，他们不会再盲目乐观地认为这一定会成功，也不会因认定结果是糟糕至极的而失去动力。个体会保持平常心态，在人群中表现得普通、随和，不再标新立异，也不去做不合群的举动。他们似乎对什么都感兴趣，又对什么都无所谓。他们能够融入到一个群体中，在群体中被很多人喜欢，但很快也会被很多人忘记。就像是那些最普通的人，那个叫不出名字的友善邻居，那个很配合的下属，那些在人群中按部就班地过着平淡生活的大多数。

毕竟，我们并不特别。我们不是小说《哈利·波特》中大难不死的男孩，被选中的救世英雄；我们没有经历轰轰烈烈的爱与恨；我们没有被万众瞩目，成为校园里的风云人物……我们从来不是舆论的中心，只是最平凡的那一个。

我们不一定会选择最令人兴奋的专业，毕业后也只是从事一个不那么讨厌、薪水一般的工作；我们也不一定会遇到柏拉图所描绘的灵魂伴侣，而是找一个既理解我们又厌恶我们的人结婚；我们的心中或许一直有一个远大的抱负，但是也早已在日常的琐事中被消磨和忘记。

孤儿原型指引我们不执着于过多的金钱和虚幻的权势，指引我们平等地看待每个人，不论是大众情人还是普通路人，不论是盖世英雄还是无名小卒，不论是掌控权势的统治者还是一无所有的贫民。孤儿原型主导下的自我都会平等对待这些，甚至讨厌那些虚张声势的人。

这是孤儿原型告诉我们的现实，也确实是世界的一种真相。因为世界上的大多数人都是凡夫俗子。如果能经历这样的一生：健康地出生，父母健全，顺利读书，毕业后找到一份能够满足温饱的工作，不曾中过大奖，也没有得过重病，没有过生离死别，也没有过特殊的回忆。这看似平淡，却也是幸福的一生。

❷ 孤儿原型的阴影与沉溺

孤儿曾经有过被遗弃的经历，所以他们是脆弱的。孤儿原型的阴影会指引个体表现出这种脆弱，个体看上去就像是受害者，他们甚至假装无辜，就为了获得一些特殊待遇，或是免除需要承担的责任。这是孤儿原型最危险的一面：利用曾经的痛苦，将所有的责任推脱给他人。

孤儿原型害怕孤单，所以他们乐于加入各种团体。但是当孤儿原型的阴影主导个体的时候，个体会为了融入一个团体、为了维持表面的人际关系而做出一些迷失自我甚至严重违反道德和法律的事情，例如那些不良少年团体。孤儿原型是自卑的，这些少年们聚集在一起虚张声势，只是为了捍卫自己的自卑感。一旦离开群体，就意味着他们要独自面对强烈的自卑感。为了避免有这种体验，他们即使在群体中受到折辱，或是被迫做出一些伤害性的事件，也不愿意离开群体。

即使不在团体中，孤儿原型的阴影也会促使个体伤害自己，用自虐的方式维持当前的境况。最典型的表现，就是当他们求助的时候，不是说"好的，我们开始吧"，而是会说"但是……"，目的就是为了增加救援的难度。甚至有时候，他们还会攻击、故意激怒那些想要帮助他们摆脱伤害的人。因为在内心深处，孤儿原型觉得并没有人会为自己做什么，他们能相信的只有自己。曾经的伤痛经历让孤儿原型处于惶恐之中，他们不知道怎样才会被爱，才不会被抛弃。他们努力维持人格面具的角色设定，努力不争不抢，努力和善，同时也畏惧展示自己的阴暗面。

孤儿原型的阴影排斥成功，他们认为所有人都会伤害自己，包括他们自己。与其满怀希望，最终失望，不如自己主动远离成功。所以当孤儿原型的阴影主导个体的行为时，他们会过度悲观、极度紧张，甚至连尝试的勇气也没有。他们常常会说"我不行，我没有能力做到"。

他们预设伴侣会离开自己，所以故意做出一些对关系有害的事情，尽管自己对此也很费解，但是依旧控制不住自己。他们会预设自己做任何事情都不会成功，所以在准备面试的时候，追剧停不下来，提交资料不及时，无法专心地全力以赴。当最终真的面对失败的时候，他们只会觉得再一次验证了自己的预设，从而又一次陷入阴影的危机之中。

美国情景喜剧《破产姐妹》中的主角之一 Max 从小被母亲忽视，艰难长大，打着各种零工。后来她有了一个制作小蛋糕的家庭作坊，为了扩大销量，她需要把名片送给自己以前的雇主。平时的 Max 毒舌又幽默，能自如应对各种各样的人。但是当她需要介绍自己的生意时，却声音发紧，语无伦次，最后落荒而逃。她恐惧的是自己真的会成功。

孤儿原型的沉溺特质是嘲讽，沉溺行为是无力和担忧。由于在生活中压抑真实的自我，孤儿原型会带着一个假的面具生活。也许他们选择的工作不是自己感兴趣的，伴侣也不是自己喜欢的，他们只是得过且过。长此以往，他们的热情被消耗，不论外在环境多么安全，他们的内在依旧焦灼不安，对生命也有无力感。有时候，只有沉迷于酒精、游戏、短视频，他们才会获得一点安慰，但是这并不是真的快乐，他们只是麻木地、例行公事般地做这些事情。

❸ 孤儿原型的代表人物

玛丽莲·梦露，20世纪50年代风靡一时的美国演员、模特。虽然她已经故去，但是至今依旧是人们心中关于性感的代名词，她的金发、红唇、白裙及迷人的笑容，深深地吸引了很多人。

梦露的童年是坎坷的，她是一个私生女，从来没有见过亲生父亲。母亲向往自由，对婚姻和孩子都很排斥，所以梦露刚出生就被送到了寄养家庭里。虽然母亲也会去看她，但是从来不会和她亲近。直到7岁，梦露才回到亲生母亲身边。母亲开始时对梦露有点亲近，就连上班也带着她。可是没多久，母亲得了精神疾病，接着，梦露又开始辗转在不同的寄养家庭中。

这些家庭对梦露并不友好，家庭中的其他孩子时常捉弄她。梦露像佣人一样干活，甚至还遭到侵犯。直到16岁，梦露经历了11个寄养家庭。这样的成长经历让梦露倍感孤单，对生活缺乏安全感，所以她一生都在追寻一个完全爱她的人。

尽管机缘之下，梦露成为炙手可热的明星，有了更多的追求者，但是她依旧是消极的，并没有体会到真正的幸福和快乐。她错误地认为，自己的性感和魅力是获得爱的方式，这些能够为自己换来尊重、关心和温暖。结果被她吸引而来的人只愿意重金换她一个吻，却不愿了解真正的她。爱确实能够解救孤儿原型的阴影，只是梦露求而不得，遇人不淑。

梦露在工作中也表现出一些孤儿原型的阴影。她对待自己的工作很认真，但是却总是记住不台词、迟到、缺席。或许梦露在潜意识中对这份事业也是不信任的，她认为这些会伤害自己，因此对工作呈现出矛盾的态度。

梦露是聚光灯下的明星，她看上去并不那么"普通"。但是她的内在自我却是谨慎的、现实主义的。正是内在与外在的拉扯让她倍感挣扎。

❹ 孤儿原型的唤醒

卡罗尔博士认为，受伤是人生经历的一部分，如果我们未曾受过伤害，就将永远停留在天真无知的状态，永远无法得到成长。孤儿原型及其展现出的特质对人格的发展有重要意义。

孤儿原型的第一个层级：对他人、权威，甚至整个世界都充满疑虑，他们感到孤立无助，渴望拥有伙伴。同时，他们也在努力学习认清自己的痛苦，并去感受这些痛苦，寻找痛苦的来源。这个层级的孤儿原型缺少价值感和目标感，往往会在痛苦的沼泽中越陷越深，特别需要他人的援手、爱与支持。

孤儿原型的第二个层级：尝试与他人接触，加入新的团体，愿意接受帮助。爱与支持能够解救孤儿原型，并促进孤儿原型的进一步成长。这份爱可以来自个人，也可以来自有着共同特点的团体。被爱着的孤儿原型会向内探索，重新理解被抛弃和被伤害的意义，并看到其中的积极力量。

从心理学的角度来看，伤害代表了心理经受的一次危机，而危机的完整含义是"危险和机遇"。每一次经历的危险，都伴随着成长的机遇。在现实生活中也是如此，我们往往在经历低谷和挫折的时候，才会迎来新的高峰体验。孤儿的天赋恩赐也可以帮助个体在团队中分享自己的脆弱和伤口，以和其他成员团结在一起，相互取暖。

孤儿原型的第三个层级：不再盲目信赖世界上的规则和权威，而是更加信赖能够彼此帮助的伙伴，同时拥有务实的目标和期待。孤儿原型的被背叛体验主要来源于父母、师长、权威等，他们会发现也许并不存在真正的美好，父母可能不合格，师长可能不尽责，法律可能不公正，制度可能有漏洞。因此，孤儿原型不会再认同这些规则和权威，也不愿意从中获得爱。

真正能疗愈孤儿原型的爱来自同病相怜的人，来自同样看清世界真相的人。孤儿原型会将自己的信赖感转移到这些伙伴身上。因为现实世界如此残酷，帮助他们站起来的力量只会来自有着相似经历的彼此。孤儿原型发展到这个层级之后，将对那些经受痛苦的人更加感同身受，并且会成为人道主义者。等到再次面对这个世界时，孤儿原型会为个体带来更加切实的生活动力。这一刻，孤儿原型不仅重新认识真实的自我，也将坦然接受自己的阴暗。

现在，放下书，舒展一下四肢和颈部。如果此刻是白天，请保证自己坐在阳光里；如果此刻是夜晚，请让自己靠在一个柔软的位置。或者，你也可以寻找一个安静舒适、暂时没有喧闹的地方，闭上眼睛，深呼吸三次，让自己完全放松地去体会想被照顾的想法——你最想被谁照顾？是某个具体的人，还是某种类型的人，还是某个神明？然后告诉自己：这个世界上没有人能够照顾自己，也没有人能够拯救自己，只有依靠自己。最后，体会这个过程中所产生的情绪，是悲伤、失望吗？被无力感笼罩吗？还是想要嘲讽？抑或是深深地觉得自己不够好？

如果答案都是"是"，那么你体验到了内在的孤儿原型。

⑤ 孤儿原型的测量

请对以下题目描述的情况如实进行选择，尽可能根据第一反应快速作答，不要跳过任何题目：

---

(1) 童年的时候，我曾经被父母忽视或虐待。

A. 从来没有　　B. 很少　　C. 有时　　D. 时常　　E. 总是

(2) 生命就是一次又一次的心碎。

A. 从来没有　　B. 很少　　C. 有时　　D. 时常　　E. 总是

(3) 我惧怕那些权威的人。

A. 从来没有　　B. 很少　　C. 有时　　D. 时常　　E. 总是

(4) 我感到自己被遗弃。

A. 从来没有　　B. 很少　　C. 有时　　D. 时常　　E. 总是

(5) 我曾经被信赖的人抛弃过。

A. 从来没有　　B. 很少　　C. 有时　　D. 时常　　E. 总是

（6）我生命中很重要的人让我伤心。

A. 从来没有　　B. 很少　　C. 有时　　D. 时常　　E. 总是

分数统计：选择"A. 从来没有"，记为1分，选择"B. 很少"记为2分，选择"C. 有时"记为3分，选择"D. 时常"记为4分，选择"E. 总是"记为5分。你的最终总分是：____

如果高于15分，那么孤儿原型可能是你当前的主导原型，请继续阅读下一章的内容，最终的结果会在后记中汇总。

如果低于15分，说明孤儿原型可能是你当前正在压抑或忽视的原型。那么，你的压抑是有意识的，还是无意识的？如果你是有意识地避免孤儿原型的特质，说明你在曾经的生活中已经体验过孤儿原型的影响。如果你是无意识的，那么对照一下孤儿原型的阴影和沉溺行为，反思这些是否已经发生？每个原型对自我发展都同等重要，与其掩耳盗铃，不如因势利导。

天真者原型得分：_____

孤儿原型得分：_____

天真者原型+孤儿原型总分：_____

如果总分大于44分，那么说明你童年期的生命课题——安全感得到了这两种原型的辅助。如果总分小于44分，可以阅读后记中的汇总。

其中，分数更高且高于15分的是你在解决任务过程中的主导原型，而另一个原型会在某些特定时刻才展现出力量。如果天真者原型分数更高，那么你会偏向于盲目乐观，忽略潜在的风险。如果孤儿原型分数更高，你则会偏向于强调生活中的困难，而无视可能的收益。如果两种原型分数相同，那么感受一下天真者原型和孤儿原型此刻是相互抵触的，还是相互融合的。如果是抵触的，那就需要进行调整。只有二者相互融合，你才能顺利度过这个心理阶段，并且形成一个新的原型意象。卡罗尔博士用神之子（the divine child）来命名这种融合之后的状态。

神之子来自基督教义中婴儿耶稣的形象。婴儿耶稣由一位处子孕育，在宗教教义中象征着完全的纯洁、天然。由于这个婴儿的特殊命运，他注定被抛弃。因此神之子的意象完全综合了天真者和孤儿两种意象。

神之子看到了这个世界的美好，也看到了这个世界的阴暗，并从一个新的角度去认识和适应世界。此时的世界不再是二元对立的，人们不需要必须选择一个立场，对世界也只是在特定的情境下才选择相信。世界是复杂的，人也同样是复杂的，每个事物都兼具好与坏，善与恶。

人们将理解多元化的价值观，理解关于一件事情不同的立场和观点。如同美国心理学家柯尔伯格关于道德发展阶段的理论，人们推断一个人的行为是否是正确的，会经历不同的发展阶段，每个阶段的判断依据也会更加丰富。9岁之前，儿童以行为的直接后果来判断什么是好，什么是坏；9岁之后，儿童能够理解社会规范，认为符合权威、法律和秩序的事情是好的，否则就是坏的；到16岁，人们会超越法律和权威，把良心、公平、正义作为衡量道德的标准，并且开始接受这个世界存在合情不合法或合法不合情的事情，还会尝试调和道德与法律之间的冲突。随着自我不断成熟，人们会更加深刻地理解这个世界。

正如法国思想家罗曼·罗兰所说：世界上只有一种英雄主义，就是看清生活的真相之后依然热爱生活。

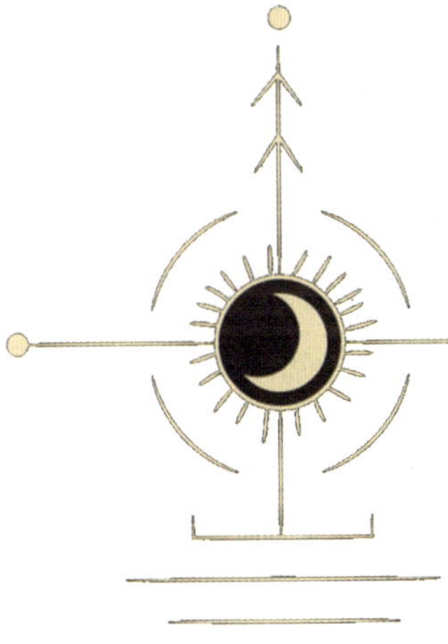

第九章
英雄

the warrior，英文原意是指勇士、斗士、战斗经验丰富的士兵，作为原型对应的翻译是英雄、战士。英雄原型代表的特质是自律、征服、守护，就像童话故事中降服恶龙救出公主的勇士，他们靠坚定的行动证明自己的价值。在意象上，英雄原型则更接近美国漫威影业出品的超级英雄系列电影中的人物。

在西方文化中，英雄的形象大多是战士的样子，他们英勇、目标明确，具有冒险精神，捍卫家园荣誉，保护弱者。但是在东方文化中，英雄和战士的内涵并不完全相同，英雄通常指"敢为人之所不敢为""挽狂澜于既倒，扶大厦于将倾"的人，而战士则等同于军人，需要"听指挥、打胜仗、作风优良"。前者更加强调个人所做出的贡献，后者则更强调团队，而不是个人。东方文化中更能匹配卡罗尔博士所描述的英雄原型的是"侠客"，也就是心怀大义、一腔热血、路见不平、拔刀相助的人。

❶ 英雄原型对自我探索的帮助

弗洛伊德把人格分为三个部分：本我 (id)、自我（ego）和超我 (super-ego)。本我是指人格中最原始的、与生俱来的部分，弗洛伊德将其形容为一口大锅，其中盛着沸腾的本能和欲望。本我遵循着快乐原则，以满足欲望为目标。比如，本我喜欢金钱，不管这些钱属于谁，也不管得到钱的过程是否违规。超我是指人格中的道德部分，遵循道德原则，监督和限制本我的冲动。自我则处于本我和超我之间，负责协调两者间的冲突，遵循现实的原则，会使本能和欲望通过一种适合的方式得到满足，例如通过劳动得到金钱报酬。自我在守护超我的伦理道德的同时，也争取到了本我的利益，这其中的力量就源自英雄原型。

英雄原型从守护我们自身的需求、愿望和人身安全开始，并在这个过程中逐渐积累力量和战斗经验。然后，这种守护还会扩展到环境、弱者，维护更大群体的利益。英雄原型能够理解我们内心的边界，也愿意通过竞争实现目标。

英雄原型主导下的个体相信自己能够开创全新的局面，他们会展现出坚定的意志和果断的能力，喜欢运动和锻炼，保持强壮的身体，好打抱不平。他们会对自己所认定的"自己人"施以援手，充满使命感和目标感，不畏强权，追求公平和公正。

英雄原型是一种很受欢迎的原型，因为从小到大，我们都喜欢英雄故事，也渴望一位"踏着七彩祥云的大英雄"横空出现，拯救自己。我们总是会被英雄原型鼓舞，因为在所有的英雄传奇里，英雄都在历尽艰辛、坚持不懈，最终克服困难，战胜一切。

所以，我们会被平凡人的英雄行为而感动，也会追捧拥有英雄原型定位的影视形象，为具有英雄原型的商品买单。譬如孙悟空这一角色经久不衰，不论是影视剧的演绎，改编的动画，还是剧里的歌曲，这些总会点燃我们心中勇敢无畏的焰火。譬如全球著名的体育运动品牌耐克，其英文原意是神话传说中的胜利女神。品牌代言人大多是在赛场上坚毅不屈的运动员，广告语"只管去做"（Just Do It）宣扬的也是勇往直前的英雄精神。

在面对困难时，英雄原型的解决方式是直面挑战，并用尽力气去击溃一切阻碍，尝试扭转不利的局面。然而，英雄原型并不是只知前进、不讲策略的莽撞之徒。他们并不是初出茅庐的小兵，而是拥有丰富战斗经验的勇者。英雄原型主导下的个体有着崇高的理想，会为真正重要的事情战斗，为这个世界的美好而奋斗。

当然，英雄也并不一定永远胜利，他们也有无法掌控所有局势的时候，但是英雄能够坦然面对失败，即使失败，他们也依旧是坦荡的、无悔的、不曾屈服的。

当我们的生命步入成年，开始承担社会和家庭的责任，英雄原型会和照顾者原型一起出现，帮助我们解决这个时期的生命课题——责任。如果英雄原型主导，我们会通过竞争和获得的成就来展现自己的责任感；如果照顾者原型主导，我们会以付出和给予的方式展现自己的责任感。在传统的文化倾向中，人们对性别的认知有限，所以社会鼓励男性拿起武器成为英雄，鼓励女性奉献精力成为照顾者。但是随着现代社会的发展，性别局限已经逐渐被打破，英雄原型在越来越多的女性身上被唤醒，并成为其主导原型，英雄不再是男性形象的专属。

② 英雄原型的阴影与沉溺

英雄原型能够激起个体潜意识中的竞争精神，然而竞争只是他们达成目标的方式之一。如果他们把竞争当成唯一方式，时刻处于备战状态，就会陷入英雄原型的阴影。这时候，他们会因为一件小事而上纲上线，激动异常，被英雄原型的特质控制。

他们会将外界的一切信号都视作在向自己挑衅和下战书。他们就像是一个引线暴露在干燥空气中的炸弹一样，遇到一点火星便会爆炸，缺乏对自我的掌控感。如果他们能够唤醒意识中的其他原型，例如天真者原型、孤儿原型或照顾者原型，就能够适当缓解这种枕戈待旦的状态。

英雄原型的第二个阴影是将自尊"押宝"在战斗的结果上。他们认为，只有取得胜利，才会被他人认可，失败则代表自己是软弱的、无能的。他们的目光是狭隘的，在他们的眼中，世界上只有胜利的英雄、作恶的恶龙、等待救援的弱者。人们不愿意成为恶龙，也不承认自己是弱者，所以每场斗争都要胜利，而且要成为最强的人。在这样的阴影下，个体的自我是脆弱的，他们甚至为了获得胜利而不择手段，牺牲他人的利益。在战斗中，真正强大的英雄期待的是赢过自己，而脆弱的英雄想的却是赢过对手。

如果把英雄原型比喻成一个锋利的武器，那么当人们运用它为公平正义而战的时候，他会成为自己和他人的英雄；当人们用它进行不义之战的时候，他就成为仗势欺人的恶棍，或者是拥有强大力量却无人约束的恶龙。

在美国的超级英雄漫画《蜘蛛侠》中，主人公本是一个高中生，他意外获得超能力，变成了蜘蛛侠。他的叔叔告诫他："能力越大，责任也越大。"（With great power comes great responsibility.）

英雄原型的很多特质是具有强大力量的，例如坚韧、自律、专业技能、目标明确等。然而原型并不会帮助个体辨别当前的现实，只是存在于潜意识中，去满足和补偿自我。所以，失去伦理道德的约束，被刻意忽视和抑制的英雄原型展现出的阴影是自私自利、贪婪无度、愤世嫉俗。

英雄原型最负面的阴影是傲慢，自以为比他人优越。优越感是一种认知偏见，人们会因为拥有财富、学识、职位、力量、经历等而产生与他人不同，甚至比他人优秀或重要的错误认知。英雄原型的傲慢往往会产生糟糕的后果。唐代诗人曾写过这样的诗句："凭君莫话封侯事，一将功成万骨枯。"只要战斗，就会有牺牲。对于那些取得胜利的英雄来说，如果他的心中只有傲慢，没有悲悯，只有自己，没有他人，那么再冠冕堂皇的理由都只是虚伪的正义，无法掩盖其侵略和掠夺的本质。

英雄原型的沉溺特质是禁欲和刻苦，沉溺行为是功成名就。英雄的力量并不是个体天生具有的，也需要时刻勤勉地练习。所以英雄原型会指引人们专心训练、克制享乐的欲望。当英雄通过战斗获得了胜利，那么鲜花、荣誉、称赞既是英雄的收获，也会成为英雄的枷锁。如果英雄原型没有发展完全，这些通过"恶龙"考验得到的"珍宝"也可能成为杀死英雄的陷阱。

❸ 英雄原型的代表人物

英雄原型最典型的代表人物是19世纪初法国的军事家和政治家拿破仑。

18世纪的法国正在经历制度、文化和思想的动荡与变革，民不聊生。1789年爆发的法国大革命彻底摧毁了法国的封建制度。当时的法国内忧外患，很多革命党派奋勇抗争，他们有牺牲，也有胜利。而这样的背景下，25岁的拿破仑先是通过优秀的军事才能镇压武装叛乱，成为陆军准将兼巴黎卫戍司令，然后在26岁时成为法兰西共和国意大利方面军总司令。他击败北方的意大利、奥地利等国，在中东地区抑制英国的扩张，并且远征埃及，占领亚历山大。29岁时，拿破仑发动政变，正式结束法国大革命的混战，成为法兰西共和国的第一执政官，34岁时更是加冕称帝。

拿破仑执政之后，开始在法国建立新的社会经济秩序，大力发展资本主义。在经济方面，拿破仑建立银行，统一货币，整顿财政制度，提高税收，扶持工业发展；在科教方面，拿破仑奖励科学家，鼓励科学研究和技术教育，设立的国民教育制度被保留至今；在法律方面，拿破仑亲自参与讨论并颁布《民法典》，建立完整的法律制度，随后颁布的《商法典》和《刑法典》成为近代资本主义法制社会的规范，直至现在也有很深远的影响；在军事方面，拿破仑进行军事立法，改革征兵制度，建立世界上最早的实施作战指挥的司令部。在拿破仑的一生中，他亲身指挥的战役有60次，其中50多次都取得了胜利，多个反法同盟的国家都受到过拿破仑的重创。

拿破仑用其一生展现了英雄原型的典型特质。拿破仑的征战从守护家乡开始，当他一步一步成为国王后，便开始守护整个国家，维护法国的利益。他的每一个重要成就节点都是通过斗争得来的。他有着过人的军事才能，重视对军人的训练，目标明确，时刻践行着守护和征服的使命。

当然，作为一个政治家，拿破仑并不是一个能够被如此简化的人，但是他的生命轨迹犹如英雄原型最好的演绎。当拿破仑第一次被流放的时候，他也如英雄原型面对困难时的表现那般，不屈不挠，奋力一击。当他经历滑铁卢战役，要面对无可换回的失败时，他依旧是坦荡的、无悔的："我真正的光荣，并非打了那许多次的胜仗……但有一样东西是不会被人们忘记的，它将永垂不朽——就是我的这部《法国民法典》。"

❹ 英雄原型的唤醒

我们可以通过一些特定的仪式和气氛唤醒英雄原型，例如竞技运动。当我们观看激烈的运动比赛，尤其坐在赛场边，感受现场的呐喊和运动员挥洒的汗水时，我们会热血沸腾，重新拥有面对生活的勇气，这就是英雄原型的唤醒。

英雄原型的发展会经历三个层级。第一个层级的英雄停留在为利益而战斗，不断培养和积聚力量，通过外在的成就和竞争验证自己的能力。在我们从小到大的成长过程中，不论享有的物质资源如何，不论父母的教养方式如何，我们在心理层面上都是不停被约束的过程。我们听到成人说的最多的话就是"别碰、别动、别拿、别去……"由于自我还不成熟，缺少对环境和安全的认知，这样的约束都是为了保障我们能够安全长大，促进本我和超我之间的协调。

随着我们逐渐长大，自我对环境的独立判断能力提高了，这时候，成人需要尊重我们的心理发展规律，减少对我们的约束，这样自我的领地范围才会扩大。然而在现实中，这个阶段的儿童已经进入到青春期，生理和心理都发生了很大的变化，成人往往来不及转变他们的教育习惯，甚至提出了更多的约束禁令。这导致青少年的自我感觉到内心的领地被侵犯，于是初级的英雄原型开始战斗、抗争，通过不断抗争来维护自我的利益，通过每一次的胜利或者失败验证自己的能力。

第二个层级的英雄有了更清晰的目标，他们会为理想而战斗，并且更加有策略，会遵守竞争的规则，遵循公平的原则。卡罗尔博士形容的英雄精神能明辨何时、何地、何事应当争，并且争所当争，而不是事事争斗。因此英雄是有策略的，而不是莽撞的。他们会首先辨别自己的目标，设定策略后再实施。当遇到强劲的对手时，英雄会重新调整策略，但是不会轻易转变目标。英雄具有征服的力量，他们导向的目标包括财富、爱情、自由、声誉，这与恶龙是同样的。要区别英雄和恶龙，就需要考察其是否拥有崇高的理想，公平和利他的目标。

第三个层级的英雄拥有充分的自我肯定，他们会为了真正重要的事情而战斗，能做到不战而屈人之兵，在竞争中引发的冲突更少，争取的更多是双赢的结果。最高层级的英雄原型奋战的目标是高于个人利益的，他们会为了保障全部人类的福祉而努力。这时英雄原型的敌人不再是某个具体的人或事，而是人性的无知、贪婪，是依旧存在的贫穷和匮乏，是内心深处的狭隘和悲观绝望。

最高层级的英雄不再执着于短兵相接，他们的武器是谈判技巧、语言能力、合纵连横的策略、法律知识、临场应变的反应等。我国古代最古老的军事理论著作《孙子兵法》中论述了很多作战策略，而最核心、最厉害的策略就是"不战"。《左传》中也曾经论述："非尔所知也。夫文，止戈为武。"

英雄不仅仅是一种抗争和守护的行动，更是一种修养和精神。最高层级的英雄是以理 / 礼服人的。功夫片是中国影视史中的一种类型片，在世界影视制作历史中都占有重要的地位。我国最初的功夫片强调呈现硬桥硬马的速度和力量，但是随着经济发展和综合国力的提升，功夫片越来越强调境界和侠义精神。2019年上映的电影《叶问4》中，更是借由师徒之间的对话，阐述武术的深刻涵义："贵在中和，不争之争。"

⑤ 英雄原型的测量

请对以下题目描述的情况如实进行选择，尽可能根据第一反应快速作答，不要跳过任何题目：

---

(1) 我能够放下恐惧，去完成应该做的事情。

A. 从来没有　　B. 很少　　C. 有时　　D. 时常　　E. 总是

(2) 为了维护我的信念，我愿意承担风险。

A. 从来没有　　B. 很少　　C. 有时　　D. 时常　　E. 总是

(3) 我无法坐视不理错误发生，而不去改正它。

A. 从来没有　　B. 很少　　C. 有时　　D. 时常　　E. 总是

（4）为达成目标，我严于律己。

A. 从来没有　　B. 很少　　C. 有时　　D. 时常　　E. 总是

（5）当有人无礼冒犯我，我会站出来反抗。

A. 从来没有　　B. 很少　　C. 有时　　D. 时常　　E. 总是

（6）生活中所有事情成功的关键就是不断练习。

A. 从来没有　　B. 很少　　C. 有时　　D. 时常　　E. 总是

分数统计： 选择 "A. 从来没有" 记为1分，选择 "B. 很少" 记为2分，选择 "C. 有时" 记为3分，选择 "D. 时常" 记为4分，选择 "E. 总是" 记为5分。你的最终总分是：＿＿＿＿

如果高于15分，那么英雄原型可能是你当前的主导原型，请继续阅读下一章的内容，最终的结果会在后记中汇总。

如果低于15分，说明英雄原型是你当前正在压抑或忽视的原型。出现这种情况的原因有三种：其一，英雄原型是你之前生活中占据主导位置的原型，你以英雄的姿态奋战已久。现在的你面临新的人生任务，你正主动调整自我，有意识地展示更多其他原型的力量。其二，你可能是一个女孩子，你从小经受的教育常常强调 "服从" 和 "听话"，你潜意识中认为自己是一个弱者，一个被牺牲的小角色。然而英雄原型从来没有性别的限制，也不是某种性别的专属。每一种原型都需要在潜意识中得到发展，这样才会走向真正的自性化。其三，你在自己的认知中没有觉察到英雄的力量，这导致你现在的生活已经出现了某些危机，可以尝试使用英雄原型来解决现在的困境。

如果你的年龄现在已经超过30岁，并且组建了家庭，或在团队中承担一定的责任，那么分数高于15分代表你可能习惯使用竞争的方式应对现在的生活；分数低于15分的话，可以结合下一章的内容再进行分析。

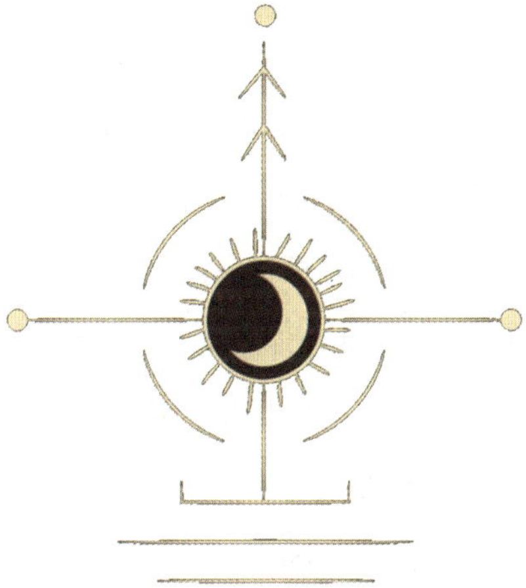

第十章
照顾者

　　the caregiver，英文原意是提供照料的人、私人看护。作为原型，它可以翻译为照顾者、利他主义者。这个词在中文和英文中的含义基本一致，都是指在生活中提供看护和照顾的人，例如父母为儿童提供的养育和照料，老师为学生提供的教育和指导，医护人员为病人提供的专业诊疗和康复支持等。尽管最理想的照顾者形象是父母，但是在现实生活中，照顾可以发生在各种关系中，比如伴侣之间、同事之间、民生服务机构等。不过，照顾者原型提供照顾的原因并不是因为对方的困境，而是因为照顾行为可以帮助照顾者产生归属感。

❶ 照顾者原型对自我探索的帮助

照顾者原型展现出的人格特质是体贴、无私、慷慨、细致，以及无条件的关爱。照顾者原型是最符合超我原则的原型，也是自我发展最高尚的原型。因为照顾者不仅对与自己有关系的人提供爱和帮助，也对与自己无关的人提供同样的爱与帮助，甚至在某种层面上，照顾他人超越了优先满足自己的需求和利益的本能。

照顾者原型与英雄原型经常交织在一起。一方面，二者同为成人期的对立原型，另一方面是二者与性别有着密切的关联。照顾者虽然没有固定性别，但是在我们的印象中大多是母亲的形象。英雄也没有性别指向，但是提到英雄，我们头脑中出现的往往也是拿着武器的男性。这与几个世纪以来的社会分工有着密切关系。一直以来，社会就鼓励男孩去征服和斗争，鼓励女孩去奉献和给予。这导致大部分男性认为，展现英雄原型比展现照顾者原型更容易，而大部分女性展现出的也是照顾者特质，而不是英雄特质。

照顾者原型不仅会指导我们照顾他人，也会引导我们自我关爱。照顾者原型发展出的照顾风格和方式因人而异，通常我们会遵循印象中父母照顾我们的方式。现在，回忆一下小时候生病或遇到问题时，你的父母是如何做的？

第一种父母通过转移注意力的方式来安抚我们，比如这样说："没做好就没做好吧，我带你去游乐园散散心。"再或者，父母会迅速抱起我们，轻声安慰道："别哭了，我带你去买好吃的。"如果父母只是安抚我们的情绪，不帮助我们分析问题产生的原因，那么当我们处于困境时，就只会找人吐槽，倾诉抱怨，寻求安慰，而忽视问题的解决方法，也不敢直面问题。当他人给我们带来麻烦和困扰时，我们也总是说"没关系"，然后自己收拾残局。

特别是，如果父母在我们受伤哭闹的时候用食物安抚我们，那么我们就会习得这种应对方式。每当生气或烦恼时，我们就会产生强烈的想要吃某种食物的冲动。当工作上遇到不顺，我们首先想到是"事亏了，但是嘴巴不能亏，我得找人请我吃饭补偿一下"。我们也会以这种方式对待伴侣、同事、孩子、朋友，信奉"没有什么事情是一顿烧烤 / 火锅解决不了的"。

第二种父母也许会冷静地说："哭有什么用，你应该这样做，以后注意。"如果我们的父母并没有安抚我们，而是直面问题，指导我们如何去解决，那么我们也会如此对待自己，刻意略过真实的感受，将注意力更多地放在分析问题和制定方案上。在工作中，我们会很有行动力，能及时查找问题，实施补救措施，但是也会无视自己的情绪，显得很冷漠。在面对他人的求助时，我们会更愿意直接给出解决方案，有时甚至听不完对方要说的话。

只安慰不指导，或者只指导不安慰，这两种模式发展出来的照顾者原型指向两个极端：要么逃避，要么冷漠。你在应对困扰的时候如果也出现了这两种倾向，请提醒一下自己：吃饱喝足后别忘了继续解决问题，吐槽的同时也听一听不同角度的分析，努力修改方案后给自己一些安慰或奖励，关照一下失落和难过的自己。

② 照顾者原型的阴影与沉溺

照顾者不仅是指引自我发展的一种原型，也是个体需要担任的社会角色。因此，当自我的照顾者特质与其社会角色不匹配的时候，照顾者原型的阴影就会展现出来。

第一个阴影是情感上的共生和行为上的傀儡。在大多数的情况下，当成人成为父母的时候，他们的照顾者特质还没有发展完全，这时却面临着要照顾一个孩子。特别是对于母亲角色来说，通常她的天真者原型已经完全发展，孤儿原型的发展被压抑，并且还没有开始发展英雄原型。这时的母亲沉浸在与孩子相处的快乐中，享受着孩子的纯粹和天真氛围。她刻意忽视养育孩子的现实困境，依赖自己的孩子，害怕孤单，并且无法分辨自己和孩子的心理界限。虽然表面上是母亲在照顾孩子，但从自我层面上看，实则是母亲在索取孩子的照顾。

而孩子的自我也会出现混乱，他分不清哪些是母亲的需要，哪些是自己的成长需要。这时候，母亲和孩子在情感层面上共生在一起。在生活中，我们时常看到已经做母亲的年轻女孩，当她们与孩子在一起时，反而表现得更像一个小朋友，在孩子面前撒娇，吸引孩子的注意力。

对于父亲角色来说，他们通常会用内在的英雄特质代替照顾者特质。他们不知道如何给孩子爱，想要靠近孩子，却只是表现出自己的笨拙和能力匮乏。他们转向关注工作，以获取更多的生活资源，但是又不甘心在照顾孩子的过程中所经受的挫折。他们可能会表现出与家人的疏远，强调父亲角色的权威，或是不照顾家庭，以安抚自己的内心。他们像是一个被孩子和家庭操纵的傀儡，机械地行动着。这样的纠结让年轻的父亲成为一个扭曲的角色。

照顾者原型的第二个阴影是吞噬——无视心理界限，对孩子过度照顾。如果父母的照顾者原型被过度激发，他们将会以一种吞噬的状态对待孩子的自我。父母将给予孩子更多照顾，将孩子视为自我的一部分，忽视孩子的独立性。他们试图掌控孩子的一切，例如替孩子做人生重大的决定，包括读什么专业、在哪里工作，不信任孩子能够独立解决问题，不允许孩子有和自己不一样的观点，甚至利用孩子完成自己的梦想。

很多父母的这种吞噬行为是不明显的，例如孩子告诉父母上大学后要去打工，父母在言语上是表示赞同的，但是内心却认为这件事存在很多不可控的危险。他们开始旁敲侧击，暗示孩子打工有很多陷阱，另外还会转移话题讨论孩子在大学期间的课余时间有限。父母自以为做得很巧妙，并且认为自己是在和孩子客观地讨论，但是他们只预设了一种结果，并且全然不知孩子已经发现了他们的意图。

照顾者天生有为他人付出的倾向，但是当他们总是在牺牲，付出总是得不到别人的回报时，就很容易陷入照顾者原型的第三个阴影——成为"经历苦难的牺牲者"，通过对方的愧疚掌控对方。他们会将牺牲作为关系中的筹码，利用对方的责任感来得到自己想要的。例如父母总是对孩子说："为了培养你，我放弃了晋升机会，牺牲了全部的时间来陪你，你必须得优秀才对得起我。"或者，他们对自己的伴侣说："为了你，我背井离乡，放弃更好的机会，你必须永远爱我。"这样的状态深深地束缚着关系中的每个人。

照顾者原型的第四个阴影是无法拒绝。只要对方开口，他们就会完全迎合。甚至对方没有开口求助或者并不需要帮助，他们也会主动地提供帮助。他们尽可能让自己看上去是受欢迎的、热情的，但实际上这是缺少界限的表现。虽然表面上看，他们在提供照顾，事实上只是在掩饰内在的真实感受，掩饰那种被遗弃、不被需要的感觉。

照顾者原型的沉溺特质是救援，沉溺行为是照顾他人。照顾者原型的力量是温柔且强大的，但是失控的照顾者迷失在自以为的"为他人好的奉献行为"中，其实却在无形中伤害了对方。当人们被照顾者原型的特质控制的时候，其实最需要被照顾的并不是别人，而是他们自己。

❸ 照顾者原型的代表人物

戴安娜是英国查尔斯王子的第一任妻子，人们更习惯称她为戴安娜王妃。

戴安娜出生在贵族家庭，显赫的家族给她的印象是疏离和冷漠，空旷的古堡是阴森可怖的，重男轻女的父亲是无情的。在她3岁的时候，父亲和母亲离婚，并娶了后母。戴安娜渴望被照顾，但是却始终得不到，所以她展现出更多照顾他人的特质。她喜欢用婴儿车推着娃娃，照顾弟弟穿衣服，为去世的宠物办葬礼等。

成年后，黛安娜遇见了查尔斯，并在20岁时成为他的王妃。但是这场婚姻并没有想象中那么美好，婚后，戴安娜王妃才意识到丈夫并不是全心全意地爱着自己，他的求婚只是为了完成王储生儿育女的责任。为了挽回丈夫，戴安娜王妃做了很多努力，但是两个人的婚姻依旧走向了终结。

在对婚姻失去期望的时候，戴安娜王妃开始专注于慈善事业。她将自己的爱而不得转化为对正在痛苦中挣扎的人们的爱。从1991年开始，戴安娜王妃探访艾滋病人，不顾王室的威严态度，不戴手套真诚地和他们握手拥抱；多次出访北非，筹集善款，资助慈善学校和医院；关注残障人士、麻风病人、自闭症患儿等弱势群体；为全球反地雷运动奔走，多次亲身探察危险的地雷区，探访因为地雷致残的平民……

不同于英国王室在慈善活动中高高在上的姿态，戴安娜王妃亲切而真诚，人们不再乐道她曾经的王室八卦，相反被她独立的人格所折服。她去世的时候，尽管当时已经与查尔斯王子离婚，英国王室依旧因为她的慈善影响力，以最高殡礼待遇为她举行葬礼。

戴安娜王妃将自我的归属感投诸这个社会的所有弱势人群，这何尝不是在掩饰内在自我被遗弃和不被需要的感觉。就像她曾经对关注慈善的原因做出的回答那样："我也没有其他的事情可以做。"在戴安娜王妃去世20年之后，人们依旧感念她，这也是一种回应和补偿吧。

❹ 照顾者原型的唤醒

当我们开始关心和帮助他人的时候，照顾者原型就出现了。照顾者原型的发展也是有顺序的，首先从照顾自己开始，其次是照顾家人和他人，再之后是更广范围的人和事。

能够唤醒照顾者原型的情境和仪式，包括与宗教有关的场所或仪式、公益活动、志愿服务、养育宠物等。不过需要注意的是，唤醒这一原型的前提是已经充分关注和照顾自己的内心，只有照顾好自己，才能真正照顾好他人。

另外，参与这些情境或仪式需要具备一定的基础常识，如果你并不是一个宗教徒，在进入某个宗教场所的时候，请查阅相关的礼仪和禁忌。如果你想做志愿者，请至少参加一场"志愿服务精神与技巧"培训。如果你想养育宠物，也请了解与宠物生命有关的知识。不论我们的成长需求如何，在关爱自己的同时也要尊重其他人。

照顾者原型的发展会经历三个层级。第一个层级的照顾者可以协调自己和被照顾者的需求，当二者发生冲突的时候，他们通常的解决方式是牺牲自我的需求，满足他人的需求。此时的照顾者原型将他人放在自己之前，总是有意无意地忽视自己。

第二个层级的照顾者开始学习照顾自己。他们在为他人提供爱和关注的时候，也会关爱自己，而不是通过牺牲、迎合等方式伤害自我。他们这种无条件的爱逐渐转换为有条件的爱，能够拒绝不合理的索取，变得威严有力，建立起自己的心理边界。这个过程需要发展内心的英雄原型来协助，英雄能够帮助个体守护照顾者原型。虽然照顾者想要照顾所有人，但是一个人的能力和精力毕竟是有限的，需要做出取舍，而英雄原型的目标感正好可以发挥这个作用。

第三个层级的照顾者愿意担负起照顾世界的责任，为社会和大众奉献一切，甘愿成为殉道者。这种奉献一般需要特殊的历史背景，例如为了印度的民族独立而奉献一切的甘地，为了国家和信仰而牺牲生命的革命烈士。

在生命发展中的任何阶段，我们都会成为照顾者，但是只有内在的照顾者特质和外在的照顾者角色相互匹配，我们的自我才能健全发展。

❺ 照顾者原型的测量

请对以下题目描述的情况如实进行选择，尽可能根据第一反应快速作答，不要跳过任何题目：

（1）我把别人的需求放在自己的需求之前。

A. 从来没有　　B. 很少　　C. 有时　　D. 时常　　E. 总是

（2）照顾他人会让我快乐和满足。

A. 从来没有　　B. 很少　　C. 有时　　D. 时常　　E. 总是

（3）给予比接受更加令我快乐。

A. 从来没有　　B. 很少　　C. 有时　　D. 时常　　E. 总是

（4）我发现为他人做事比为自己做事更容易。

A. 从来没有　　B. 很少　　C. 有时　　D. 时常　　E. 总是

（5）牺牲自己帮助别人，会让我成为更好的自己。

A. 从来没有　　B. 很少　　C. 有时　　D. 时常　　E. 总是

（6）我很难拒绝他人。

A. 从来没有　　B. 很少　　C. 有时　　D. 时常　　E. 总是

分数统计：选择"A. 从来没有"记为1分，选择"B. 很少"记为2分，选择"C. 有时"记为3分，选择"D. 时常"记为4分，选择"E. 总是"记为5分。你的最终总分是：＿＿＿

如果高于15分，那么照顾者原型可能是你当前的主导原型，请继续阅读下一章的内容，最终的结果会在后记中汇总。

如果低于15分，那么照顾者原型可能还没有得到发展，或是你当前正在压抑或忽视的原型。如果在过去的生活中，你已经表现出很多照顾者原型的特质，但是总在自我牺牲，无法拒绝别人，那么你可能已经陷入照顾者原型的阴影中。对照前文的内容，你可以觉察一下当前自我的需求，看看是否忽视了对自己的照顾。

英雄原型得分：＿＿＿＿＿

照顾者原型得分：＿＿＿＿＿

英雄原型+照顾者原型总分：＿＿＿＿＿

如果总分大于44分，那么说明责任在你目前的生活中是一个重要的任务和课题。如果总分小于44分，那么请继续阅读后续的内容，探寻当前生活的任务。

对比英雄原型和照顾者原型的分数，分数较高且高于15分的原型，是你在处理与责任有关的任务时的主导原型。如果英雄原型分数更高，你会以在竞争中获胜、提出意见的方式体现对某人或某事的认真负责。如果照顾者原型分数更高，你则通过提供支持、给予照顾和力量的方式表现自己的责任感。如果两者分数相同，那么说明你的英雄原型和照顾者原型的力量是相当的。那么它们之间是冲突矛盾的状态，还是彼此整合的状态？

卡罗尔博士相信，整合两种原型的特质将催生出一个温柔且强大的自我，这一自我结合了英雄般的能量和照顾者的无私。他们充满力量，又富有同情心，拥有无限的包容力，同时不惧任何的困难。他们的内心中绽放出的力量，将超越从父母那里习得的不完美的"照顾经验"。他们会重新采取更合适的方式照顾他人、照顾自己，向所有人提供爱与支持。

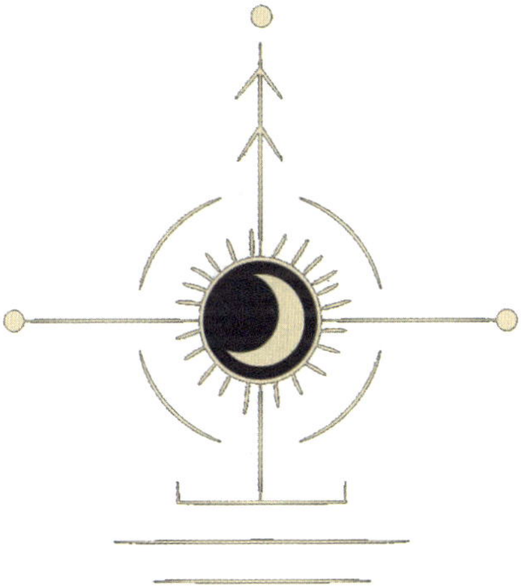

第十一章
探险家

the seeker，英文原意是指在寻找和追寻的人。作为原型，对应的翻译为探险家、探险者、探索者、追寻者、朝圣者、流浪者。

在中文语境中，"探险家""朝圣者""流浪者"指代的并不是同一类型的人。探险家更强调冒险与刺激的过程，朝圣者更强调对精神和信仰的追求，流浪者则更强调失去和一无所有。我们在对应"seeker"这一原型的时候，需要将三者的通俗理解结合起来——为了获得更高层级的精神认同，去冒险，去尝试，放弃已经拥有的，将自己放逐在追寻的路上。

① 探险家原型对自我探索的帮助

探险家原型有着不停尝试、寻找更加充实的生活的愿望，所以难以安顿下来。他们有着天然的好奇心，乐于去更远的地方旅游，享受学习新的知识，喜欢尝试新的体验，不畏惧冒险，乐于迎接挑战。探险家渴望能够自由自在地探索这个世界，所以他们也很难长久地待在一份工作或一段关系中。

这样的探索过程可能会为他们带来一些成绩或收获——金钱、社会地位、爱情、学识等，这些也会成为生活中的动力。但是这样的探索结果无法令人满足，探险家依旧会继续尝试，追寻更加真实、更加美好的事物。外在行为的追寻，从根本上来说是为了满足内在的渴望。也就是说，探险家的追寻和探索行为是自我在寻求超越。

在现实生活中，自我提升可能是主动的，也可能是被动的。每当我们感到迷茫，觉得现在的生活并不是自己想要的，主动的探寻就会开始。起初，我们可能并不确定自己想要的是什么，所以会一边探索，一边体验，一边调整。这样的主动探寻并不是一件容易的事，常常会打破现有的平衡和安逸。所以，很多人总是在经历过失去和伤害的时候才会被迫行动，譬如伴侣的离开，突然被开除，经历生死离别，此时的他们倍感失落，需要重新调整自己。只是这时候，他们的探寻还没有做好准备，就像是还没有做好攻略就出远门一样。

探险家原型引导个体去超越自我，这是一个充满未知和试炼的过程。它一方面试炼我们是否真的有信念持续走下去，另一方面也会试炼其他原型的发展程度。天真者原型和孤儿原型将自我指向乐观和悲观两个不同的方向，在自我踏上征途之前，我们需要知道自我选择了其中的哪个方向，抑或是已经将二者融合。同时，自我还需要知道英雄原型是否已经帮助我们发展出自控的品质，现有的勇气如何，以及照顾者原型在采取哪种方式为内在的自我提供安慰。

当我们能平衡内在其他原型的力量，就可以在试炼的过程中分清什么时候坚持，什么时候妥协，如何获得支持，如何避免破坏。如果我们不能很好地整合内在的原型力量，即使被迫踏上征程，也会倒退回孤儿原型的状态，无法实现自我超越。我们内在的原型一直交织在一起，只有将它们整合协调之后，探险家原型的内在渴望才能得到实现。

日本漫画家尾田荣一郎从1997年开始连载漫画《海贼王》，至今依然受到年轻人的欢迎。漫画中最经典的台词是"我是要成为海贼王的男人"，为了这个目标，很多船长在大海上航行，乘风破浪，不断地战斗和探寻最终的宝藏。然而在每个船长的"心灵之船"上都不是一个人在战斗，而是一群伙伴相互磨合，共同前进。

内在的自我探索尤其需要勇气，毕竟那个新的自我不是在原地，而是在远方。踏上征途就意味着要离开，离开现在所拥有的稳定的、亲密的、熟悉的、有安全感的地方。你真的做好决定了吗？你真的舍得吗？当我们迷茫、困惑，感受到内心的渴望时，这两个问题总是会阻碍我们的脚步。

因为我们往往有这样一种误区：探险家也是流浪者，探寻意味着失去，需要放弃伴侣、孩子、朋友，放弃与他们的情感连接。事实上并不是这样，探寻确实需要放弃一些东西，但是有些放弃和离开是暂时的，离开并不意味着不会再次拥有。

我们需要舍下的，并不是具体的人或事，而是与之拉开情感上的距离。我们依旧养育孩子，赡养老人，但是不再百分百占据彼此的时间。真正亲密的关系，并不是彼此难解难分地依赖，而是相互理解，又各自拥有独立的心理空间。

❷ 探险家原型的阴影与沉溺

《山海经》中有这样一个故事：远古时候，有一个叫夸父的巨人，他身形高大魁梧，有着坚定的意志和强大的力量。有一天，夸父开始追逐太阳，穿越山川河流，感受到太阳越来越强烈的照射。他饥渴无比，来到黄河边，一口气喝光了黄河里的水。但是夸父依旧觉得不解渴，在北方有一条纵横千里的大泽，夸父想到那里解解渴。结果还没有跑到大泽边，他就在路上渴死了。

这是一个神话故事，如果以原型的视角来分析，夸父就如同追寻中的自我，太阳如同更高层级的境界，自我以为已经拥有了力量，但其实对于追寻的目标来说依旧是自不量力的。卡罗尔博士认为，希腊神话中有很多为了追寻光明、火种等高级力量而遭受惩罚的故事，这些都是在讲述探险家原型的阴影。

探险家的第一个阴影是骄傲自大，被野心吞噬。追寻超越是一件充满诱惑的事情，不论终点和目标是什么，这都会是一种收获，一种提升。这个过程并不容易，需要万分谨慎和小心。如果他们盲目自信，那最终的目标将不再是收获，而是陷阱。因此，在自我未成熟之前，在没有学会技能之前，不要做超过能力范围的事情，否则将成为野心的献祭。

探险家的第二个阴影是以身体甚至生命为代价。在众多寻求自我提升的方式中，人们比较常使用的是通过工作和心灵修行完成探寻。这样他们不会离开家人，不会抛开责任，而且在某种程度上还会获得物质水平的进一步提升。于是，很多人通过竭尽全力地工作，或者控制饮食等特殊的生活方式来寻求超越体验。

人们可能会呈现出一种工作狂的状态，不断追求工作效率，不停地加班，不再有时间和精力去安排自己的生活。即使在休假的时候，他们也随时保持工作状态，满脑子都想着工作。另外，他们也可能会有某些心灵修行的计划，譬如吃素、辟谷，像出家人一样斋戒禁欲，远离城市，生活在偏远的山林中。

这些工作和修行会带来一些好的结果，例如完成工作项目而获得成就感，赚取大量的金钱，得到权威的认可，身体不再疼痛，某些症状减轻，对人和事有了全新的认知。但是探险家原型的阴影会将这种"身心进修"的边界无限扩大，使得原本的节律变成病态，原本的促进变成损耗。这个边界又是模糊的，在我们还没有察觉的情况下，探险家原型的阴影就已经把我们拖进了深渊。生命无常，身体是心灵和自我的载体，如果生命受到威胁，那么心灵的超越只是虚妄。

探险家的第三个阴影是完美主义。探险家原型所展示的理想自我会成为我们追求的动力，当这一原型的阴影主导时，这一理想就会变成完美的、正确的，但是不可实现的目标。我们心中一直会有一个更好的地方、更好的人、更好的关系、更好的成就，不论我们当下做到了什么，却总是觉得还有什么事情没有完成，内心永远无法获得平静。就像是夸父在追赶太阳，太阳是完美的，但是他却一直到达不了，无法触及。

　　探险家原型的沉溺特质是以自我为中心，沉溺行为是追求完美。自我成长和探索都是在个体内部发生的，这种渴求无法由他人完成，这种焦灼也无法由他人分担。当自我达到一种新的境界，我们内在的满足、平和和自在也无法由他人代替，所以我们会在这个过程中只关注自己的感受，只考虑自己的利益。有时候我们还会沉浸在这种感受中无法自拔，希望能够再进一步，再完美一些。不论我们成长的迫切程度如何，所有探索过程都不应该伤害自己，也不应该伤害其他人，没有人应该为我们牺牲。

☀ 探险家原型的代表人物

李小龙，当代的武术宗师、好莱坞演员、世界武道变革的先驱者。

功夫片是电影史中的一个重要类型，至今仍受到国内外许多观众的喜欢，而功夫片的开创者就是李小龙。李小龙出生在美国，为了强身健体，他从小开始学习武术，长大后更是醉心于武术的研习、实战和推广。从20岁开始，李小龙就先后开设武术道场、国术馆，参加各类空手道、跆拳道、搏击大会，挑战泰国、巴西、美国等国的高手。他还通过电影公司的面试，参加电影拍摄，将自己的功夫融入其中，他主演的功夫电影风靡全球。

很多人都是通过李小龙的电影而认识了这样一位有着真功夫的演员，却并不知道他一直在通过功夫进行自我超越。为了开发潜能和追求身体极限，李小龙一直在超负荷练习，所以他的出拳速度和反应灵敏度备受对手的称赞。李小龙20岁后的人生经历充满了武术挑战和拳脚切磋，他在实战中创立了一种融合各类拳法的自由搏击技法——截拳道，成为一代武学宗师。

李小龙对武术的痴迷并非来源于英雄原型的征服特质，而是来源于探险家原型的自我超越。因为他的目标不是战胜对手，而是寻找武学蕴含的哲学，完成自我的成长。毕竟，李小龙大学主修的课程是戏剧、哲学和心理学。31岁的李小龙曾经总结自己的感悟，要如水一般灵活、无形。

　　每个人探索自我的方式并不相同。如果能够结合自己的兴趣，借助已有的资源，不断拓宽自我认知的边界，这将是一段充满成就感的自我探索之路。尽管李小龙33岁时因故去世，但是他的探索之路影响了很多人。他对中国武术的推广、编写的《基本中国拳法》、拍摄的作品、创立的截拳道等，不仅证明了他的自我价值，也影响了很多追随者的价值观。李小龙的妻子琳达说过，李小龙一直认为自己还有很多路要走，很多事要做，他向世界的展示也只是刚刚开始而已。

❹ 探险家原型的唤醒

在我们的成长过程中，有两个人生阶段最容易受到探险家原型的主导，一个是青春期后期，即20岁之前；一个是中年期早期，即35岁之后。这两个阶段都需要我们尝试接纳新的观点，或重新认识这个世界。

青春期后期通常是我们高中毕业的时候，也是我们正式结束义务教育，成为成年人，即将进入新的人生阶段的时候。在这个阶段，我们看上去和成年人没有区别，各项心理机能也基本达到成年人的水平。此时的自我最渴求独立，也将第一次真正实现"独立"。不论是进入大学继续学习，还是结束学业，像成年人一样工作，这都是个体内在和外在独立的一种表现。

所以，我们急需从一个被照顾者的角色中跳脱出来，我们渴望展示自己，告诉别人我们对这个世界的看法，对未来的计划和目标。我们可能故作深沉，关注生命的深刻话题；也可能标新立异，从衣着和发型上发生很大的改变；还可能充满好奇，想要像成年人一样喝酒、恋爱。总之，我们通过各种方式证明自己已然和小时候完全不同，开始尝试新的爱好、兴趣和圈子。

在这个阶段，除了探险家原型，我们的情种原型也开始发展，情种原型通过发现真爱的方式来找寻自我。这两种原型都会帮助个体获得心灵层面的认同。如果探险家原型占据主导地位，并且压抑情种原型，个体将更在意自己的自由，排斥与他人建立亲密关系，也害怕被某个人束缚。如果情种原型占据主导地位，并且压抑探险家原型，那么个体可能会愿意做出一些关于结婚和未来的承诺，同时也不断经受着理想与现实之间的拉扯。因此，在这个阶段，我们需要具备爱和承诺的能力，同时保持人格独立，没有负担地爱人，没有压力地承诺。

中年期早期通常是我们的人生达到了一个相对稳定的阶段，我们在20岁时想要的感情状态、人际关系、工作成绩已经初步实现。这时候，我们在探险家原型的指引下会出现和20岁时同样强烈的渴望和困惑：现在的生活真的是我想要的吗？我真的要和这个人共度余生吗？选择单身真的是一个明智的决定吗？这份工作真的有意义吗？远离父母真的是值得的吗？成功真的是这样的吗？我的价值观到底是什么？

这些疑惑或许就是所谓的"中年危机"的根本原因。就像电影和小说中的情节一样，我们再次陷入危机，开始重新审视自己的人生，重新评估生命的意义和价值，重新定义自我和理想，重新踏上探寻的道路。

探险家原型同样经历三个发展层级，第一个层级的探险家乐于学习、体验、思考、冒险，通过各种真实的旅程不断尝试。此时的探险家还不清楚追寻的到底是什么，所以他们向往自然的空灵和神秘，对未知的一切都很好奇。

第二个层级的探险家逐渐发现自己追寻的是自我提升，是自性化的过程，于是他们有了更加具体、有指向性的探寻目标和计划。这时的他们充满雄心壮志，期待最后的自我实现，期待探寻的成功，期待能够做到尽善尽美。

第三个层级的探险家将在原来的探索积累中致力于自我的超越，他们将不再受限于外在环境，将更多展现出真实和独特的自我。

探寻的答案到底是什么，探寻的终点在哪里，并没有人能够给我们答案。只有当我们靠近的时候，那个独特的自我才会恍然大悟。

❺ 探险家原型的测量

请对以下题目描述的情况如实进行选择，尽可能根据第一反应快速作答，不要跳过任何题目：

---

(1) 我正在寻找自我提升的途径和方法。

A. 从来没有　　B. 很少　　C. 有时　　D. 时常　　E. 总是

(2) 保持独立是一件重要的事情。

A. 从来没有　　B. 很少　　C. 有时　　D. 时常　　E. 总是

(3) 我的内心躁动不安。

A. 从来没有　　B. 很少　　C. 有时　　D. 时常　　E. 总是

(4) 我感到有一个更好的世界正在某个地方等着我。

A. 从来没有　　B. 很少　　C. 有时　　D. 时常　　E. 总是

(5) 我期待生命中会有更美好的事物出现。

A. 从来没有　　B. 很少　　C. 有时　　D. 时常　　E. 总是

（6）于我而言，追寻的过程与结果一样重要。

A. 从来没有　　B. 很少　　C. 有时　　D. 时常　　E. 总是

分数统计：选择"A. 从来没有"记为1分，选择"B. 很少"记为2分，选择"C. 有时"记为3分，选择"D. 时常"记为4分，选择"E. 总是"记为5分。你的最终总分是：____

如果高于15分，那么探险家原型可能是你当前的主导原型，请继续阅读下一章的内容，最终的结果会在后记中汇总。

如果低于15分，那么探险家原型可能是你当前正在压抑或忽视的原型。可能在此之前，你已经完成了某个人生阶段的自我提升，获得了自我认同。在现在的人生阶段，你将应对新的生命课题；也可能是你的天真者原型、孤儿原型、英雄原型和照顾者原型还没有准备好，导致你的自我超越无法更好地进行。如果你现在的年龄在18~28岁之间，那么可能你的自我认同是由情种原型主导实现的，但是在你的内心中依旧存在着理想与现实之间的纠结；如果你现在的年龄是35~45岁之间，那么你的内心可能对自我探索存在恐惧，错误地衡量了自我超越有可能带来的损失。

自我发展是我们一生的任务，探险家原型时刻都在发挥力量，没有人能够把我们困住，除了我们自己。

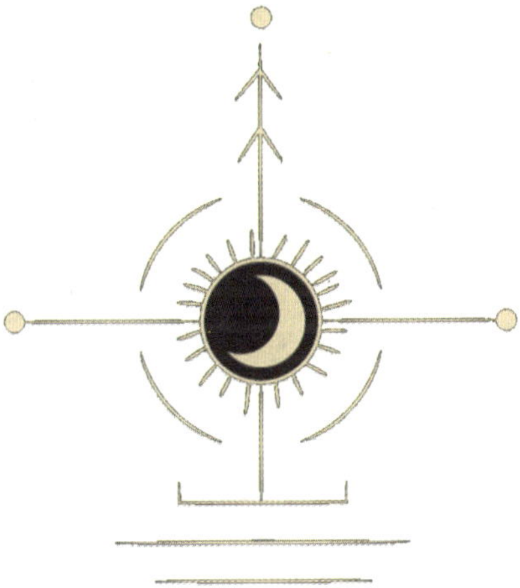

第十二章
情种

the lover，英文原意指代两种人，一个是与某个人保持肉体上的关系或者浪漫的感情关系的人；一个是特别喜爱某种事物的爱好者。

作为原型，它可以翻译为情种、情人、爱人、感官主义者、狂热分子。通常情况下，我们会将情人视作是伴侣之间的关系。但是从原型的角度，情绪并不局限于伴侣之间，情种的"情"会影响我们如何与他人建立关系，如何获得自我认同。

❶ 情种原型对自我探索的帮助

弗洛伊德认为，人的生命内驱力是本能。本能由人体的内部需要产生，并且会释放出一定的能量，能量的多少决定了本能的强度。譬如人们体内的肠胃器官释放出能量，激活饥饿的本能，人们就会去寻找途径（例如做饭、寻找餐厅、订外卖等）满足体内的需要。肠胃释放出的能量越高，饥饿的感受就越强烈，本能的力量也会越大，人们去寻找食物的动力越强、越迅速。

本能可以划分为两类：生本能和死本能。生本能代表着人类的活力，是与生存、发展和爱欲有关的本能力量，能够保护和延长人类的生命，情种原型的爱和力量就来自生本能。生本能又可以划分为自我本能和性本能。自我本能包括与生存有关的本能，例如呼吸、饥饿、寒冷、安全、排泄等，主要作用是保护个体。性本能是与性欲和种族繁衍有关的本能，追求快感和满足，包括生理快感和精神快感，例如性、娱乐、拥抱等，主要作用是保护种族。死本能代表人类破坏性的、攻击性的、自毁性的驱力，这与反抗者原型有着密切的关联。生本能和死本能的作用相反，却始终共存。

弗洛伊德在《超越快乐原则》这本书中将生本能和古希腊神话中的爱神厄洛斯对应起来。他促使了众神的生育和相爱，是宇宙最初诞生新生命的源动力，也是一切爱欲和性欲的化身。而这也是对情种原型的解读。情种原型掌管着人类的各种情感，例如与父母的亲情、与朋友的友情、对工作的热情等。情种原型主导下的自我害怕孤独，害怕没有人爱自己，于是会努力与所爱的人、事、物维持关系。这么做，一方面为了满足感官上的享受，另一方面为了建立亲密感。

由生本能所产生的爱，有时候与自我是矛盾的。如果从意识层面进行理性分析，考虑到对方的相貌、家世、学识、生活经历、社会压力等，自我可能会得出"不应该爱上这个人"的结论。但是生本能不会权衡这些，或许是源于潜意识层面的情结，个体就像中了爱神厄洛斯的法术一般，依旧爱上了对方。

卡罗尔博士认为，那些伟大爱情故事里的主人公所选择的伴侣，大多都是"极不合适的"。就像英国剧作家莎士比亚曾经描写的罗密欧与朱丽叶，他们有着家族仇恨的阻碍；中国作家金庸刻画的杨过与小龙女，他们有着社会伦理的束缚。然而，这些故事也是最动人的。也许在现实生活中，自我会通过各种理由让自己拒绝或接受一个爱人，但是自我却无法控制爱是否发生。正如明代文学家汤显祖在《牡丹亭》中写道："情不知所起，一往而深。"这些"不理智"的爱，往往最具诱惑力，也最让我们难以割舍。

　　大部分情况下，在面对来自本能的爱时，自我往往会失控，陷在爱中无法自拔。这个时候，个体就需要发展其他原型的特质来帮助自我重新整合。例如英雄原型的特质可以帮助个体建立与他人之间的心理界限，这样就可以在爱中保持独立；反抗者原型的特质能够帮助个体及时终止依恋，避免自我深陷在痛苦和纠结中。此外，除了借助原型的力量，个体还要将自己的热爱投注到其他更多的人或事中，这样才能收到更多爱的反馈，避免对某个人或事的执着。

　　不论我们爱上了谁，从心理学的角度出发都建议大家先爱自己。美国学者克里斯汀·聂夫认为，当我们在生活中感到失望，经历了一些失败和痛苦的时候，对自己多一点理解和善意，才能够安抚自我，增强自我价值感。爱源自我们生命的内驱力，源自我们的内心。当我们发出爱的时候，请不要忘记爱自己。

② 情种原型的阴影与沉溺

尽管爱来源于本能，但是在不同的文化背景中，人们对爱的理解和认知并不相同。人人都渴望爱，却不知道如何正确地去爱，甚至会排斥爱。于是，情种原型会展现出它的阴影，带给人们更多的苦恼，甚至伤害。

情种原型的第一个阴影是否定爱的合理性，主张禁欲，却最终被欲望控制。生本能是维持个体和种族存在的本能，因此，情种原型也具有本能欲望的特点。可是很多教义和文化对此选择回避、躲闪，甚至否认，人们在行为上可能表现得清心寡欲，但是阴影都会引导个体出现不合理的行为表现。

男性会恐惧、嘲笑性本能的冲动，变得虚伪；也会将性冲动视为是权力和掌控的象征，做出违反道德的极端行为，例如强暴、性骚扰；将女性视为欲望的代表，做出各种折磨女性身心的事情。

而女性则会陷入错误的自我认知中，她们会因为自己的性别角色而感到自卑，认为自己是肮脏的，例如对于月经感到羞耻，却没有意识到这是生育能力的象征；对于性冲动感到罪恶，却没有发现这是所有人类的本能。她们并没有将自己的生育能力视为一种力量，看不到自己的价值，甚至将全部的身心献出来，以此获得男性的爱。

情种原型的第二个阴影是过度迷恋情欲，对亲密关系过度执着，会因与爱人的分离而完全崩溃。情种原型满足了生本能追求快感的需求，因此当与人建立亲密关系的时候，他们会感到快乐和满足。过度沉迷于这样的快感中，也会诱发情种原型的阴影。满足快感的方式有很多种，如果人们只关注到其中一个方面，就会变得狭隘和偏执。

生活中任何人和事的发生与发展从来不以人的主观意志为准则。我们都曾经爱而不得：想要父母的爱，但是父母不是自己的专属；想要恋人的爱，但是恋人却选择和自己分手；想去某个喜欢的地方，但是没有时间和金钱；想要得到某个热衷的物品，但总是得不到。甚至，他们告白被拒绝，求职被退，求学被阻，从而变得嫉妒、暴躁、焦虑、悲伤。正所谓"发乎情，止乎礼"，爱不是占有，也不是禁锢。爱是自由的，我们迷恋的人和事，都有权利"离开"。

情种原型的第三个阴影是滥情，自诩为情圣，蛊惑他人，却没有真心的承诺。在这样的阴影控制下，人们会展现出更大的吸引力，迷惑身边的人和事。但是热情来得快，去得也快，爱与亲密只是他们不断追寻的借口，他们以为爱能让自我平静，得到自我的认同，但是却不知道要认同什么。因为在这一刻，情种原型并没有真的发挥作用，而是探险家原型在发挥主导力量。因此，他们不停地爱，不停地离开，无法做出长久的承诺，自诩为"情圣"，其实却是一个"滥情者"。

情种原型的沉溺特质是亲密，沉溺行为是建立各种关系（包括性关系）。与各种人、事、物之间建立和保持紧密的关系，会让人们感到舒适，但是如果自我还处于发展之中，那么人们会陷在这种"爱"中无法自拔，甚至会迷失自己。情种原型的力量一直帮助人们通过各种关系获得自我认同，但亲密关系只是自我认同的方式，并不是自我认同的结果。

❸ 情种原型的代表人物

情种原型的代表人物是李安和甘地。

李安，著名导演，获得过国内外各类奖项：两次获得奥斯卡最佳导演奖、美国导演工会终身成就奖、英国电影学院奖终身成就奖、法国文化艺术骑士勋章、金棕榈奖、金马奖、金像奖……

李安导演的情种原型特质都展现在其指导的电影中，涉及各种各样的情，也掺杂了各种各样的欲。

电影是导演的表达，也是导演内心的投射。李安导演的作品中充满细腻的情感，也有有违常理的感情冲突，例如《饮食男女》中父亲爱上了女儿的同学，《喜宴》中的同性相恋，《卧虎藏龙》中信奉道义的师父所压抑的爱与占有欲等。爱建立了人与人之间的连接，也让人们在这样的情感中获得对自我的认同。也许电影中的主人公并不全是李安导演的化身，但却是我们每个人都会面临的困惑。

印度民族解放运动领袖甘地展现了情种原型的最高层级状态。在印度成为英国殖民地的时期，甘地先后发起了三次大规模的反抗英国殖民地征服的运动。

甘地推行"非暴力"的理念，他认为爱是人的本性，爱能够战胜一切恶，感化一切恶的行为。即使对待仇敌，人也要保持爱的本性，因此在争取民族独立的过程中，甘地坚持精神运动，而不是武装运动。他与那些勇猛的革命者不同，看上去很瘦弱，总是带着笑容。

甘地也十分反对传统印度教中对人进行的种姓分类，他创办报纸，改善教义中归类的"贱民"（印度教种姓制度中所规定的最污秽、没有人权的种姓）的生活、收养"贱民"的子女。对于印度人民而言，甘地在争取和宣扬的，不仅是民族的独立，还有信仰层面的真正自由。

　　不论是李安导演在作品中展现的人与人之间的"小爱"，还是甘地在宣扬的"大爱"，都是自我在情种原型的驱力下所进行的整合。

❹ 情种原型的唤醒

　　爱能够缓解人们在与世界建立连接的过程中所产生的各种问题。体验爱，并将爱的范围扩大，是伴随每个人成长过程的又一个生命任务。人们最初体验到的是与养育者之间的爱，之后又把爱延展到自己的物品、朋友、喜好、爱人和理想之中。爱有很多层面，有母性的爱、情欲的爱、精神的爱；爱有很多角度，有关于个人的小爱，关于世界的大爱；爱也有很多立场，恨铁不成钢是爱，刀子嘴豆腐心也是爱。

　　情种原型的第一个层级是追求更多的生理愉悦和更浪漫的恋情。他们沉浸在本能和快感得到满足的乐趣中，认为世界上存在唯一最爱的人，最理想的工作，最美好的生活，最幸福的经历。

情种原型的第二个层级是愿意为爱献身，做出承诺，全心全意地对待某人或事。他们会与爱的人结婚，会致力于喜爱的事业，会为热衷的事投入时间和精力。他们期待在这个过程中能够得到幸福，也愿意为所爱的人和事献出自己的一切。

情种原型的第三个层级是无条件地接纳自我，整合自我和精神、意识与潜意识，获得精神之爱，拥有高峰体验。心理学家阿尔伯特·埃利斯曾经问过这样一个问题：你的行为可以代表你吗？——答案是：不可以。

假设有一个做志愿者的活动，你没有报名，你会认为自己是一个不善良的人吗？当然不是，因为善良的表现有很多，做志愿活动的次数，只代表做志愿活动的次数。同样地，某次考试成功或是失败，也只代表你那次考试的成绩，不代表你是否认真，是否有能力。

可是人们总是对自己做出绝对化的判断，因为一次或几次的行为，就判定自己"好"或者"不好"。这样的判断很快速、很方便，却会导致我们有条件地接纳自己。因此，不论我们做了什么，都不能和我们这个人画等号，也不影响我们对自我的认同，自我价值更不会因此而变化，这就是无条件的自我接纳，也是爱自己的重要前提。

情种原型指引下的最高层级的爱就是我们内在的整合，不但能无条件地爱自己，也无条件地爱这个世界，爱所有人，获得精神之爱。这需要借助完全热烈的爱和良好的道德共同协作。

心理学研究发现，爱一个人其实是一种投射，对方的身上具有我们心灵深处向往的积极品质。那种冥冥之中的吸引，或许是自我的一种共鸣。如果放在情侣关系之中，我们爱上一个异性，其实爱上的是自己内在的异性特质，即自己的阿尼姆斯或阿尼玛。在不同的人生阶段，阿尼姆斯和阿尼玛也有变化，详细内容可以回顾第三章的部分。如果放在师生关系中，学生对导师的崇敬则源自一直探寻的内在自我，这将是学生的成长方向。

❺ 情种原型的测量

请对以下题目描述的情况如实进行选择，尽可能根据第一反应快速作答，不要跳过任何题目：

(1) 我觉得自己是性感的。

A. 从来没有　　B. 很少　　C. 有时　　D. 时常　　E. 总是

(2) 我赞同这句话："与其从未爱过，宁可曾经爱过却无法相守。"

A. 从来没有　　B. 很少　　C. 有时　　D. 时常　　E. 总是

(3) 我欣然接受并拥抱生命。

A. 从来没有　　B. 很少　　C. 有时　　D. 时常　　E. 总是

(4) 我的人际关系让我欢喜和满足。

A. 从来没有　　B. 很少　　C. 有时　　D. 时常　　E. 总是

（5）我愿意与不同人建立关系的连接。

A. 从来没有　　B. 很少　　C. 有时　　D. 时常　　E. 总是

（6）我通常对人们充满好感。

A. 从来没有　　B. 很少　　C. 有时　　D. 时常　　E. 总是

分数统计：选择"A. 从来没有"记为1分，选择"B. 很少"记为2分，选择"C. 有时"记为3分，选择"D. 时常"记为4分，选择"E. 总是"记为5分。你的最终总分是：____

如果高于15分，那么情种原型有可能是你当前的主导原型，请继续阅读下一章的内容，最终的结果会在后记中汇总。

如果低于15分，那么情种原型可能是你现在正在忽视或压抑的原型。这其中的原因可能有两种：其一，如果你已经超过16岁，那么你所成长的文化环境中对爱与欲是比较克制的，或者是排斥而回避的，觉察一下是否已经出现了情种原型的阴影。其二，在之前的生活经历中，你已经通过爱获得了自我认同，并投入到新的生命课题中，因此会刻意回避情种原型的特质。

探险家原型得分：_____

情种原型得分：_____

探险家原型+情种原型总分：_____

如果总分超过44分，并且你的年龄在18～28岁之间，那么你正在使用探险家原型和情种原型寻求自我认同。如果总分小于44分，可以阅读后记中的汇总。

两个原型中分数更高的那个是你在自我认同过程中的主导原型。如果探险家原型更高，你的自我认同方式是自由地冒险与尝试。如果情种原型更高，你的自我认同方式是爱。然而不论哪种原型是主导，自我认同都是不完整的。

如果探险家原型和情种原型的总分相同，则表明两种原型正在你的内心中抗争，或是已经达到融合。如果正在抗争，你将迷茫犹豫、孤单且无法安定。只有将两个原型融合，你才能让自己真正获得认同，即寻找到一个自由的、表达真实自己的地方。在那里，我们可以诚实地面对心中的热爱，也可以坦然地做出真正的承诺。

在所有的亲密关系中，任何的隐瞒或压抑都是关系的隐患。毕竟没有人能猜透你，毕竟我们还没有真的到达无条件的自我接纳层级。而坦诚是最重要的，你的爱与担忧，你的安定与犹疑，你的好的行为和不好的行为，都可以用来分享和分担。

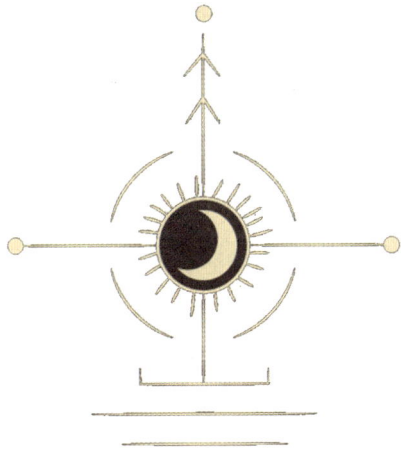

第十三章
反抗者

the destroyer，英文原意是指能够发挥出摧毁性或破坏性作用的人或事。作为原型，它可以翻译为反抗者、反叛者、破坏者、亡命之徒、法外之徒。

在中文的语境中，反抗、破坏、摧毁都带有负面的倾向，通常指向对美好事物的损坏。但是反叛者原型是指自我层面的突破和蜕变，且不存在"好"或"坏"的倾向，更强调的是不可阻挡的力量。

❶ 反抗者原型对自我探索的帮助

"生本能和死本能都是人类生命中强烈且无法抗拒的力量。"反抗者原型的能量，来源于弗洛伊德本能论中的死本能。

弗洛伊德认为，每个人身上都有一种与攻击、破坏、摧毁有关的冲动，他称之为死本能，并引用古希腊神话中的死神塔纳托斯与之对应。塔纳托斯平时居住在冥界，个性冷酷且残暴，外表也十分恐怖。他会悄悄地走近一个人，并把他的尸体运回冥界。塔纳托斯常被提及的一个故事是他被西绪福斯戏耍。西绪福斯是古希腊神话中最聪明狡猾的人，当塔纳托斯奉命来杀死他的时候，他反而让塔纳托斯戴上了镣铐，从此人间再也没有死亡。当然故事的最后，塔纳托斯重获自由，西绪福斯遭到众神的惩罚。

人们对死神的想象，就是对死亡的感受。死亡神秘且令人恐惧，但是人们可以利用智慧暂时躲避死亡的威胁。我们是如此地渴望生，渴望快乐，排斥死亡。然而，在这个世界上，我们唯一能确定的事情就是死亡。死本能在每个人的身上有两种表现形式，一种是向内的投射，一种是向外的投射。向内投射的时候，人们会变得自我谴责、自我惩罚、自我痛恨，甚至自我毁灭，做出自杀举动；向外投射的时候，人们会对他人实施侵略、攻击、挑衅和破坏，发动谩骂、争吵，甚至是战争。弗洛伊德认为，这种向外的投射其实是人们在避免死本能的威胁。

借助死本能的驱力，反抗者原型帮助自我寻求突破。反抗者原型的特质就是成长与改变，颠覆与反抗，梦想破旧立新，打破一切束缚自由的、腐败的、无效的规则。自我的发展过程并不是一帆风顺的，我们会看到一些不公平，也会经历一些不公正。反抗者原型会通过破坏性的行动保护自我免受伤害，有时候也会对自我发起攻击，迫使自我去探寻更深的层级，最终成长为一个新的自我。

结合现实中的情境，当人们遭受海啸、饥荒、瘟疫、虐待、侵害、侮辱的时候，有的人会借用因果论解释这一切。所谓善有善报，恶有恶报，现在的一切都是过去所种下的错误的因，所以才有了今天糟糕的果。因为不爱护环境，因为某个行为，因为不应该，因为前世的"业障"等，他们得出一个便捷的结论：都是XX的错。

用因果论解释无妄之灾看似合理，其实这是一种思维定势。因为世间的每件事都是纷繁杂乱地交织在一起，我们无法只理出一条线，也无法找到准确的一个因。所以，不论经受怎样的灾难，我们都要暂时放下对原因的纠结，不再执着于寻找谁对谁错，这样就不会被灾难中的死亡威胁和不义之事所击垮。因为我们在这些灾难经历面前所感受到的恐惧、愤怒、仇恨，其实都源自死本能，而不是灾难本身。反抗者原型协助我们去思考和寻找灾难经历背后的意义，这样自我才会获得新生。

这个意义的探寻，并不是在修饰这些经历。心理学家只是想告诉大家，人生无常，对于遇到的人、经历的事情，我们无法选择，也无法掌控，但是却可以调整内在的自我。当自我感到绝望、痛苦难熬、懊悔，想要自我毁灭的时候，这只是我们内心深处的冲动被激发了而已。只要自我将这种冲动转化为内在探索的动力，我们就会变成一个全新的我。这个转化的过程或许要很久，但是这就是蜕变，就是置之死地而后生，也是反抗者原型要告诉我们的真相。

卡罗尔博士曾经写道："只有愿意面对自己的痛苦，我们才可能体验到快乐；只有愿意面对自己的无知，我们才有获得智慧的机会；只有经历孤寂，我们才可能体会到爱。"

❷ 反抗者原型的阴影与沉溺

我们有时候被这个世界照顾得太好了，我们不喜欢什么，就会尽力在环境中避免什么，不论这种避免是否有必要。东汉名家赵岐在《孟子题词》中记录了孟母三迁的故事，孟母为了避免孟子被周围环境中的不良因素影响，搬家三次，最终定居在学堂边。这个故事讲述的是母亲对孩子的殷切期望和付出，时至今日依旧被很多家长传颂和模仿。他们不希望孩子沉迷电子产品，所以藏起手机和电脑；不希望孩子出现危险，所以限制零花钱和出行计划；不希望孩子经历黑暗和死亡，所以禁止孩子接触相关的真相。

然而，这样的禁止并没有真的为孩子规避一切风险，相反，孩子就像是温室里没有经历风雨的花朵，难以经受真实的风吹雨打。在我们的意识中，那些被否定的内容往往会控制我们：不要吃甜食，可是进到商店最先看到的就是甜食；不要沉迷电子产品，但是一停下来就会寻找手机和电脑；不愿面对死本能，却被死本能掌控，被反抗者原型的阴影所掌控。因为一个未发展完全的自我是脆弱的，反抗者原型的阴影指向两个方向，一个是毁灭自我的行为，一个是毁灭他人的行为。

毁灭自我的行为包括一切损伤自己身体或心理的行为，例如酗酒、吸烟、毒瘾、自残、自杀，破坏亲密关系，破坏自己的事业，贬低自己的尊严等。可能很多人会认为，只有愚蠢或是病态的人才会做出这种损伤自己的事情，其实我们每个人都可能去做。明知道吸烟有害健康，医生也无数次告诫自己戒烟，但是就是控制不住。早就知道熬夜会破坏内在的生理平衡，加速衰老，但深夜还是一直在刷手机，即使刷不到什么感兴趣的内容。知道偷税漏税、投机取巧是违法的，依旧以身犯险，拿事业和未来去赌。

毁灭他人的行为包括精神层面和行为层面的虐待，例如谋杀、强暴、侵略、诽谤、中伤等。这类毁灭他人的行为可能是有意识发生的，可能是在无意识中发生的。

反抗者的阴影总是可怖的，但是恐惧的根源在于我们只看到了阴影的破坏力，没有看到它指向的也是新生。因此，不必担心自己的破坏力，也不要拒绝承认对自己或他人所造成的伤害，这样才能终止各种毁灭行为。否则，反抗者原型会将我们变成一个邪恶的人，让我们无法控制自己的冲动，失去道德感和自制力，最终只能走向毁灭。

反抗者原型的沉溺特质是毁灭，沉溺行为是自毁习惯，极端情况下甚至会自杀。他们习惯破坏所有关系，习惯对抗所有的人与事，对"毁灭"成瘾。反抗者原型的积极特质越少，人们就越容易被阴影控制，出现毁灭性行为，却缺少对行为意义的思考。

他们会追捧某种叛逆行为，这并不是在发展反抗者原型的特质，而是被反抗者原型的阴影绑架了。在认清每个原型的内在动力之后，只有反思自己的行为和自我状态，才可以脱离阴影，走向心灵的成长。

❸ 反抗者原型的代表人物

毕加索是西班牙画家，20世纪现代艺术的代表人之一，在有生之年就见证自己的画作被收藏进最富盛名的博物馆——卢浮宫。

反抗者原型的特质都体现在毕加索的绘画创作中。毕加索一生完成了三万多件的绘画作品和雕塑作品，并且经历了八个风格迥异的创作阶段，他的画风一直在打破已有的艺术规则。

在最早年的阶段，毕加索的画风是写实的、色彩柔和的，毕加索说自己13岁时画的画像拉斐尔安宁和谐。20岁左右的时候，毕加索看到了现实生活的疾苦，他的绘画开始充满大量忧郁的蓝色，具有一种批判现实主义的特点。几年之后，毕加索陷入恋爱之中，画中出现轻快的、粉红色的年轻女孩。

到26岁的时候，毕加索的画作开始突破文艺复兴以来的传统绘画方式，使用几何化的平面方式表现人体，抛弃写实的方式，希望通过强化变形的方式，增加画作表象对人们的吸引力。接着，毕加索创立了绘画中的立体主义，改变传统画作的一个固定视点，将物体本身和抽象的结构拼贴起来，使用多重透视。

在毕加索1911年的画作《弹曼陀铃的男子》中，男人和曼陀铃都是抽象的褐色碎片，只有跟随其中的标志物才能慢慢发现画中的形象。随后，毕加索的画作又进入超现实主义时期，画作更加梦幻。到了晚年，毕加索将之前的立体主义、超现实主义和现实主义的手法融汇、结合，并进入了新的创作阶段。

毕加索是一个天才画家，他在成长过程中受到很多知名画家的影响，他的才华也在不断引导他进行重构，一次又一次地突破已有的绘画规范。荣格相信，艺术创作中蕴含着集体潜意识的表达，毕加索的作品其实也是他不同时期的自我表达。在毕加索的作品中，人们看到了一次一次对传统的突破，一次一次冲破已有范式，一次一次蜕变。那些共鸣或许就来源于自我寻求突破的渴望，来源于我们的集体潜意识。

❹ 反抗者原型的唤醒

当自我还没有发展完全时，为了保护自己，自我会启动一些机制，将过去所经受的身体和情感上的"虐待"暂时封印起来。当内在自我认为自己已经有了一定的力量，能够面对曾经的经历而不崩溃的时候，这些感受就会慢慢地出现。如果这些感受扰乱了现在的工作和生活，建议找专业的心理治疗师或咨询师。如果这些尚在自我的承受范围内，那么我们的反抗者原型就会慢慢发挥出作用。

我们第一次感受到反抗者原型的力量，是第一次经历生活的棒喝。我们可能因为某则灾难报道见到了生命的无常，可能亲历某位相识的人深陷生与死的挣扎，可能看到世间的不公与不义，可能正经历命运的捉弄。那一瞬间，我们是脆弱的，无助的，想要抗争，想要躲避，会犹疑，会不知所措。

如果你还没有过这样的经历，不妨进行一个心理游戏：

准备一张纸和一支笔，然后找到一个安静的地方，躺下来，深呼吸，并让自己逐渐平静下来。保证房间中没有声音，也没有音乐，闭上眼睛，简单回顾一下自己的人生：在哪里出生，在哪里长大，在哪里读书，在哪里工作，什么时候恋爱，什么时候升职，身体状态如何……继续保持闭眼的状态，并假设，现在的你已经死去，你正躺在自己的墓地里。你希望是谁站在你的墓碑前，你的墓志铭上会写着什么？

想好这些后，睁开眼睛，并把你的墓志铭写下来。接着，再回答两个问题：如果知道自己今天就会死去，你最后悔昨天没有做什么？如果你的死亡日期是明天，现在的你会做什么？

尽管死亡是确定的，但是我们却不可能知道是哪一天，或以哪种方式死。我们在面对生命中的重要时刻，做出重要决定的时候，如果能够想到死亡，能够唤醒反抗者原型的力量，那么后来的结果一定是不同的。反抗者原型的恩赐是谦逊不狂妄，能够接受和面对一切失去，并找到背后的积极意义。因为当我们面对的是死亡本能本身，而不是对死亡的恐惧时，我们会更加小心和慎重，而非不管不顾。

40岁到60岁，是人生的中年期。中年的时候，我们的生活往往是稳定的。如果不幸发生转变，那么这个转变就需要由反抗者原型和创造者原型共同完成。这个时候，我们有了一些积累，对生命也将会有新的认同。这不同于探险家原型和情种原型在青年期对我们的指引，人们会发现生活中所拥有的很多东西都是冗余的、不必要的。

在这个人生阶段，人们在反抗者原型和创造者原型的指引下，会重新认识"真实"和"虚伪"。年轻的时候设定的目标，追求的结果，在这个时期可能会发生转变。人们会用一种意想不到的、打破常规的方式再度验证内心的价值观。譬如，你可能会离职转行，做一件完全没有经历过的事情。在其他人的眼中，你是冲动的，却不知这是反抗者原型的主导。人们只是转换了另外一种方式实现自我的再次超越。这时候，放弃一些原本拥有的，已经得到的东西是容易的，但是再次找到新的认同，完成创造者原型的任务是不容易的。

反抗者原型有三个发展层级。在第一个层级时，他们会对生命和所在的团体产生困惑，体会到失落和痛苦。他们一直以来遵循的方式，一直以来认为不会变化的事物，突然之间就发生了变化。生命会终结，规则有漏洞。他们可能见证或者亲历了痛苦与悲剧。起初，他们否认一切，认为这不可能发生。就像在经历痛苦的时候，第一个念头就是：这要是一场梦就好了。而这个阶段的反抗者原型更多的是思考关于苦难的意义，思考关于死亡的意义，思考关于悲剧的意义。

到第二个层级时，反抗者原型引导自我接受这些痛苦，接受死亡的必然。世界上不存在时光倒流的魔法，也不可能让已经发生的事情消失。时间只会推着个体去面对，去接受这些苦痛，并且体会失望和那些无力感。反抗者原型的能量会继续传递，让个体不会止步于消沉，而是产生去做一些事情的冲动。因此，这个层级的反抗者原型有时主导个体做出一些出格的，甚至惊世骇俗的行为。

　　进入第三个层级，反抗者原型的力量能够帮助个体做出更积极的选择。个体行为的"破"，与精神层面的"立"将会是呼应的。反抗者原型与英雄原型不同，它并不是为了征战，而是为了打破束缚。这时候的自我将重新理解生命中的人和事，主动放下那些对自我发展没有积极作用的事，同时更加坚定地选择对自我价值更有意义的事。

❺ 反抗者原型的测量

　　请对以下题目描述的情况如实进行选择，尽可能根据第一反应快速作答，不要跳过任何题目：

　　（1）生命中的变化太多，我感到迷失了方向。
　　A. 从来没有　　B. 很少　　C. 有时　　D. 时常　　E. 总是

（2）我让其他人感到失望。

A. 从来没有　　B. 很少　　C. 有时　　D. 时常　　E. 总是

（3）我不再是我曾经以为的自己。

A. 从来没有　　B. 很少　　C. 有时　　D. 时常　　E. 总是

（4）我会舍弃那些不再适合自己的事情。

A. 从来没有　　B. 很少　　C. 有时　　D. 时常　　E. 总是

（5）我并非为实现自己的期待而活。

A. 从来没有　　B. 很少　　C. 有时　　D. 时常　　E. 总是

（6）我觉得自己想要突破某些事情。

A 从来没有　　B. 很少　　C. 有时　　D. 时常　　E. 总是

分数统计：选择"A. 从来没有"记为1分，选择"B. 很少"记为2分，选择"C. 有时"记为3分，选择"D. 时常"记为4分，选择"E. 总是"记为5分。你的最终总分是：＿＿＿

如果高于15分，那么反抗者原型可能是你当前的主导原型，请继续阅读下一章的内容，最终的结果会在后记中汇总。

如果低于15分，那么反抗者原型可能是你当前正在压抑或忽视的原型。其中的原因有两种：其一，你之前已经展现过太多反抗者原型的特质，完成了自我的蜕变，所以刻意地忽略这个力量。

其二，你在目前的生活中可能还没有经历与死亡或毁灭有关的事件。如果你已经经历过相关的事件，那么你对死本能的恐惧和排斥比较强烈，需要觉察一下生活中是否已经出现了自我毁灭或者毁灭他人的行为。当出现虐待、自残、自杀等危及生命安全的事情时，请务必与你的紧急联系人沟通，寻找专业的心理治疗师协助，直面反抗者原型才能获得重生。

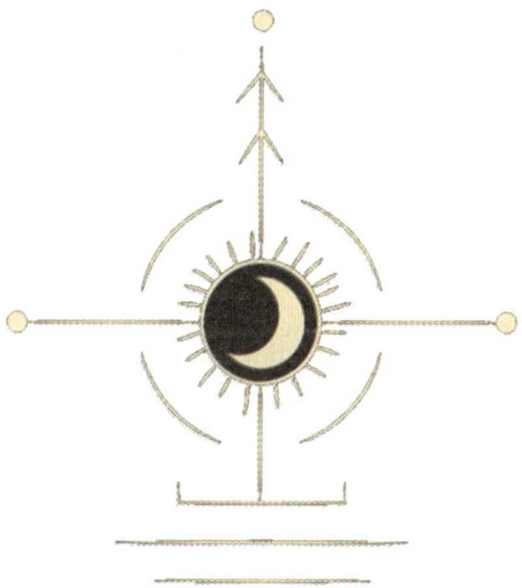

第十四章
创造者

the creator，英文原意是制作出某个物品的人，或者将某个想法实现的人，在宗教中也指代造物主。作为原型，可以翻译为创造者。

创造者原型能够激发我们内心深处的想象力和创造力，尤其强调将二者结合，是一种"凡是能够想到的，都能够制作出来"的潜力。这种创造发生在意识层面，并不是简单制作某个物品的能力，而是协助自我探索真正的同一性。

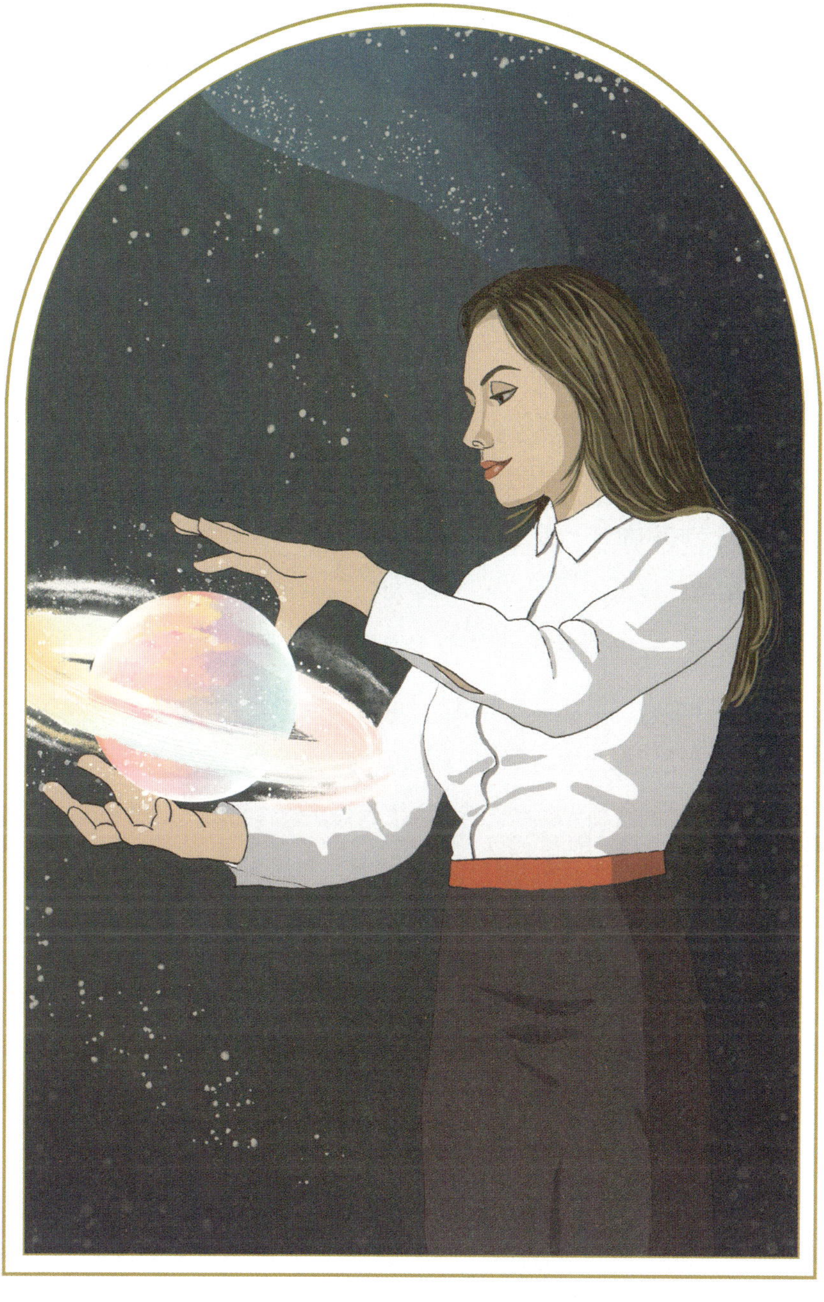

① 创造者原型对自我探索的帮助

1859年，生物学家达尔文在《物种起源》中用"生物进化论"论证了千万年来生物的起源和发展的规律。这个理论受到各界科学家的支持和推广，但是这并不妨碍关于造物主的传说在各种文明中继续流传。

譬如在中华文明中，盘古开天辟地后，双眼化作太阳和月亮，身躯化作高山，血液化作河流，毛发化作森林，之后，女娲按照自己的样子用泥土造出了人。在基督教的教义中，神用七天完成创世，依次创造出光、水、星辰、植被等，最后创造了动物和人。在苏美尔文明中，天神创造出众多神灵，然后创造出植物神、谷神、畜神等来帮助众神能够吃到面包、鲜奶和肉类，之后，在众神之母、生育之神和智慧之神的合作下创造出了人。

20世纪60年代，英国科学家詹姆斯·洛夫洛克提出了一个假说：地球是一个有自我意识的生命体，地球上的一切都是这个生命体的一部分。人类之于地球，就像寄生细菌之于人类，地球具有强大的自我调节能力。生态循环就如同人类的新陈代谢，火山爆发、海啸、岁月的变迁都是地球本身强大的修复能力的体现。

我们对这些传说、假说和理论感到好奇，因为在潜意识中，我们与"造物主们"有着共通之处：想要努力提升和进化，想要发挥出自我的创造力。造物主只是自我想要改写命运的投射而已。就像传说中造物主通过各种不同的方式（例如躯体、语言和智慧等）进行创造，我们也在努力寻找创造的方式。

创造者原型的力量一直蕴藏在自我之中。创造者原型的特质是拒绝常规、反对守旧，喜欢发明和创新，永远前进，追求破旧立新和超越自我，通过创造过程表达和重塑自我。

然而内在自我的创造力的实现往往会受到外在环境的影响，从而导致我们无法按照真正的意愿进行。譬如，每当我们想要寻求一些自我突破时，周围便会笼罩起一些声音："这样做真的好吗？""会不会不够女人味？""是不是太不爷儿们了？""太出风头了""这不符合你的个性呀""这样对你不是利益最大化呀"……这些规范和世俗的标准会成为自我身上的绳索，让自我在行动的过程中不断经受两种情绪的交替——突破自我的狂喜和外在质疑的惶恐。

毕竟，在曾经的成长之路上，天真者原型协调自我努力顺应世俗的规范，以让自己被团队所接受。现在创造者原型则指引自我突破原本的社会角色限制，让自己摘下"睿智理性的成功人士""温柔可人的乖女儿""充满童趣的父母"等面具，展现出最真实的自我。这不仅需要勇气，也需要足够多的底气。通常这样的勇气来源于英雄原型和探险家原型，但是英雄原型的目标是通过战斗重新建立心理的边界，帮助自我去征服，寻找到一片适合的疆域。而探险家原型的目标是持续地前进与超越。这都无法解答那个最真正的自我是什么。

创造者原型唤醒自我真正的同一性，为生命带来新的活力。自我同一性是由美国心理学家埃里克森提出的，是在"应当成为什么样的人"和"不期望成为什么样的人"之间，重新确定一个新的自我。在这个过程中，人们会重新确认与自我发展有关的一些问题，例如理想和价值观。确立自我同一性的前提是对自己有着充分的认知和了解。创造者原型会引导自我将过去、现在和未来整合成一个有机的整体。

❷ 创造者原型的阴影与沉溺

创造并不是一个简单、容易的过程，需要从无到有，从有到精，更需要智慧、灵感和支持。但是在真实的生活环境中，创造往往是被约束和限制的。因此，创造者的阴影将会出现并制造危机。

创造者原型的第一个阴影是创造力被限制，无法发挥作用，自我感到无力和失望，有一种被命运操控的感觉，并且开始放弃行动，也不想为自己的行为负责。人们常常将被限制和被操纵归因于更大层面的社会制度和环境要求。但这并不一定都是真相，尽管我们生活在种种规则之中，但是很多规则并不是客观存在的，而是主观上的约定俗成。只要我们愿意，每个人都可以摸索到适合自己的生活方式。如果我们一味归咎于环境，过分关注规则的限制，结果就是扩大创造者原型的阴影，丧失想象力、创造力，以及自我的主动性。

创造者原型的第二个阴影是强迫性地构建各种可能性，强迫自我去创造，但其实只是在用一些不重要的计划填满内在的空虚感。个体看似忙碌，其实对创造没有任何积极作用。任何原型的出现都是自我成长的必然。但是当自我还没有得到发展的时候，即使个体感受到内心的渴求，也无法找到正确的途径。他们虽然看上去像是一个工作狂，手边有各种计划需要执行，其实在做无用功，从来没有真的完成过任何计划。他们看不到自己正在做的事和真正想做的事之间有任何关联，完全是遵循着创造的本能去尝试，忽略自我的需求与所处的现实情境。此刻的自我每天都感觉到被催促，他们越忙碌，就越焦虑和空虚。

创造者原型的第三个阴影是人生过度戏剧化，就像是一出八点档的肥皂剧。如果内在的自我无法融合，那么个体的行为也无法统一。他们看上去很善变，喜欢的人或事，想达成的目标和规则总是充满变化。每一次都满心期待，每一次却不了了之。有时候，他们无法做到随时做出新的决定，也会寄情于戏剧化的影视作品，这或许就是人们这么喜欢追剧，并随着宣传风向见一个爱一个的原因。

创造者原型的第四个阴影是故意制造负面的环境，限制自我寻找到真实的答案，限制创造的机会。如果自我的能量不足，创造者原型就会被压抑，即使外在的环境是包容的、支持的，人们也会变得退缩和犹豫，拒绝种种机会。当出现灵感的时候，他们想到的是困难和不可行性，不愿付出实践，陷在自我的迷茫中，没有力气找寻出路。

创造者原型的沉溺特质是痴迷、执念和强迫，沉溺行为是工作和创新。当人们被创造者原型控制的时候，会陷入对创造的执念，就像是一个超级发明家一样，对创造的过程和结果有着不合理的执着。这个时候的自我并不会得到发展，而是处于一种被绑架的状态。想象力与创造力一直是我们推崇的积极品质，但是在运用的时候不要离开创造者原型的核心力量，否则，自我将成为"疯狂发明家"的疯狂产物。

❸ 创造者原型的代表人物

达尔文，英国生物学家、博物学家，进化论的奠基人。

达尔文出生在医学世家，曾经就读于英国顶尖的医学院和神学院。22岁的时候，他参加了一次环球航海探险。原本，达尔文的父亲希望他能够增长见闻，以便更好地从事神职工作。在这五年的航行中，达尔文观察了世界各地的动物、植物和地质，写下了18本观察日记、13本地质研究日志和4本动物日记，也带回来很多标本。之后，他便开始进一步思考和研究，发现动物和植物都曾随着时间发生过变化，并且还在持续变化中。这表明生物并不是像《圣经》中写的那样，是在七天的时间里被创造出来的。

1842年，达尔文把关于生物进化的理论写成了一本书——《物种起源》，但是他只在朋友和亲人间传阅，并没有着急发表。因为关于生物的起源，当时的英国主流文化推崇的是宗教教义中的神创论。达尔文的生物进化论尽管具有实证依据，同时也是颠覆性的。所有看过这本书稿的人都认同达尔文的结论，但是也都不赞同他出版。

直到有一天，达尔文遇到了人类学家华莱士，他也曾经环球旅行，还在旅行中观察了各个原始部落中的人类行为。他同样赞同达尔文的进化论理论，并且主动提出帮助达尔文完善其中可能引起主流文化抨击的人类发展的部分内容。于是，1859年，达尔文正式出版了这本《生物起源》，并且迅速而顺利地被大众接纳，避免了很多的阻力和质疑。

达尔文的创造力和想象力离不开创造者原型的内在驱动。这不仅帮助达尔文完成了关于生物起源与进化的开创性思考，也让他在动植物学领域、地质学领域都有突出的贡献。例如达尔文陆续将自己的地质观察和植物观察结果发表，出版了《珊瑚礁的结构与分布》（1842年）、《火山群岛的地质观察》（1844年）、《藤壶科与花笼科》（1854年）等。

❹ 创造者原型的唤醒

对自己真诚，倾听内在的声音，我们就会发现自己真正想要做的事情是什么。正视内心的不安全感，去掉复杂的伪装，超越外表、身份和社会角色的要求，我们才能抵达内心最深处，才能知道自己是谁，才有机会让自我发展出真正的创造者原型特质。

创造者原型的发展有三个层级。第一个层级，个体愿意打开内心，感受所有的灵感、幻想和意象。这时候个体的创造力是被动的，也是在不知不觉中发生的。他们可能做出一些与真实的自我有关的行动，但一旦感觉到环境中的质疑，他们会本能地躲避或否认正在做的事。即使听到环境中的支持，他们也是惊慌失措的。这个时候，他们还无法理解创造者原型的积极意义。

第二个层级，个体逐渐知道自己真正想做的事和想达成的目标，开始对创造的结果有所期待。这时候的创造是主动发生的，个体也会期待能够将自己的理想付诸实现。卡罗尔博士认为，自我在经历过反抗者原型和情种原型的发展后，会获得对生命谦逊的品质。个体开始追求真正的自我同一性，追求精神层面的创造力和想象力，更加注重心灵层级的发展。因此，个体会主动地发挥创造者原型的恩赐——想象力。自我的创造并不是一个轻松的过程，但是这时的个体会努力去克服，甚至调动英雄原型的力量，积极地将想到转化为得到。

第三个层级，个体跟随内心最真实的灵感去创造自我，切实地体验这个新创造出的自我，完成自性化，让梦想变成现实。这个层级是创造者原型的最高层级，这时的自我完全随心所欲，只跟随最真实的本心去行动和生活，并且内心和外在的融合上完全没有阻碍。此刻的自我达成了最终的同一性，并且重新掌控个体的命运。心理学家们认为，很少有人能够达到这个境界，大部分人能够做到的是尽自己最大的能力，用更真实的自我影响生命的方向。

如果我们能够认清自我最本真的智慧，完成自性化，并且去实践内心的渴望，那么我们不仅能够更好地成为自己，而且也会创造出一个更好的世界。

其实在我们还是一个小孩子的时候，创造者原型就已经被唤醒了。创造者原型与我们的想象力和创造力的发展有着密切的关联。这些能力似乎总是随着年龄的增长而慢慢减弱，然而，这并不意味着我们只能任其消失。

积极心理学家马丁·塞利格曼认为，创造力是每个人都具有的一种积极品质，只是在不同的人身上所呈现的程度不同。一些日常的练习能够帮助我们增加创造力的展现。

进行一些艺术性的活动。参观美术馆，欣赏平时很少接触的音乐种类，报名艺术类课程，做一些艺术创作的尝试，去写诗、雕塑、拍摄。做这些并不是为了提升技能，而是能够体验艺术的想象力和创意。

在整理房间的时候，着重考虑那些一直闲置在柜子里的书，或是想要丢弃的东西是否有新的用途。

购买一个手工制品，自己动手，尝试组装一下。

明天出门的时候，选择一身从未搭配在一起过的衣服和鞋子，感受一下会是怎样的效果。

对于自己擅长的事情，尝试静静地观察一下其他人是怎么操作的，你们不同的地方是什么，这给你带来的启发是什么。注意，不要在他人操作的时候评价或说话，总结的时候也不要挑他人的毛病。

抬起头，仔细观察一下视野中离你最近的一样物品。如果发生了地震，它可以发挥什么用途？除了它本身的功用，是不是还可以有其他用途？越打破常规越好。

最后，开一个脑洞：想象一下，有一天你拥有了某种超能力，会是什么？如果这个超能力只能维持一个小时，你要做什么？如果只能维持一天，你会做什么？

现在，有没有感觉到创造力的萌动？创造需要灵感和行动，需要亲身去做。当把设想变成现实，将想象中的一切呈现出来时，我们的内心会被满足感、幸福感和成就感充盈，这就是创造者原型送给我们的力量。

⑤ 创造者原型的测量

请对以下题目描述的情况如实进行选择，尽可能根据第一反应快速作答，不要跳过任何题目：

(1) 不论身在何处，我都尽可能保持真实。
A. 从来没有　　B. 很少　　C. 有时　　D. 时常　　E. 总是

(2) 我正在开创自己的人生。
A. 从来没有　　B. 很少　　C. 有时　　D. 时常　　E. 总是

(3) 即使取得很好的成绩，我依旧觉得自己没尽全力。
A. 从来没有　　B. 很少　　C. 有时　　D. 时常　　E. 总是

(4) 我的灵感很充足。
A. 从来没有　　B. 很少　　C. 有时　　D. 时常　　E. 总是

(5) 我正在将梦想转变为现实。

A. 从来没有　　B. 很少　　C. 有时　　D. 时常　　E. 总是

（6）我有很多很棒的主意，但是没有时间去实现。

A. 从来没有　　B. 很少　　C. 有时　　D. 时常　　E. 总是

分数统计：选择"A. 从来没有"记为1分，选择"B. 很少"记为2分，选择"C. 有时"记为3分，选择"D. 时常"记为4分，选择"E. 总是"记为5分。你的最终总分是：_____

如果高于15分，那么创造者原型可能是你当前的主导原型，请继续阅读下一章的内容，最终的结果会在后记中汇总。

如果低于15分，那么创造者原型是你当前正在压抑或忽视的原型。造成这种情况的原因有两种：其一，你在之前的人生中已经使用了太多创造者原型的特质，导致你主观上想减少这些特质的使用。其二，你的自我还未发展成熟，对于探索更深层次的真实自我是排斥的、无力的，你感到自己的命运受人摆布，有些无能为力。回顾你现在生活中的苦恼，可能已经出现了创造者原型的某些阴影特点。

反抗者原型得分：_____

创造者原型得分：_____

反抗者原型+创造者原型总分：_____

如果分数大于44分，且你的年龄在40~60岁之间，正处于中年期，那么你目前的生活中遇到的生命课题是发现真实，即需要放下过去，重新开创和寻找新的自己。如果你的年龄不在中年期，那么说明反抗者原型和创造者原型对于当前的你来说是应对生活的主导原型。如果总分小于44分，可以阅读后记中的汇总。

　　再对比一下反抗者原型和创造者原型的分数。分数较高且高于15分的原型是你当前的主导原型。在反抗者原型主导的情况下，你会感到生活既不真实，又没有意义，可能会做出离职、离开家人、放弃信仰等极端行为。在创造者原型主导的情况下，你不会做出任何舍弃，相反，你会不断创造新的东西来填补内心的空虚。如果二者分数相同，那么表明它们现在要么是完全对立的，要么就是完成了融合。对于这一点，你可以通过自我现在的感受来判断。

　　如果你现在正处于中年期，只有这两个原型相互融合，你才能真正完成所在的生命阶段的课题。唯一的解决方法就是化繁为简，让反抗者原型和创造者原型达成合作，进行有选择地舍弃和有目的地增加。舍弃那些不再符合自我真实性的东西，哪怕是曾经付出辛苦才争取到的东西；增加那些符合自我同一性的东西，哪怕是和原本确定的生活目标大相径庭的东西。这样，你就可以重新定义自我和世界，跟随自我的意识影响这个世界，重新获得一个稳定的自我。

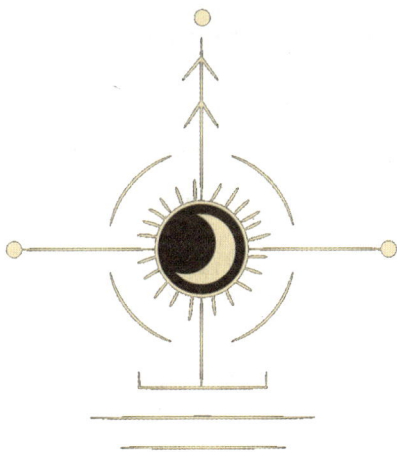

第十五章
小丑

the fool, 英文原意是指中世纪时期英国宫廷中一些擅长滑稽表演的人。他们聪明、幽默, 拥有很多才艺, 为贵族们提供欢乐, 在严肃氛围中负责搞笑, 是宫廷中的"文艺官员"。他们在表演的时候插科打诨, 语言充满讽谏, 某种程度上是宫廷中唯一"言语自由"的人。这一词通常翻译为弄臣、逗乐小丑。作为原型, 其对应的翻译是小丑、愚者。

尽管这个词源自西方文化, 但是在中国古代的皇宫中也有类似的角色, 被称为"俳优"。他们"善为笑言", 逗笑、排遣无聊, 与现在的相声颇有渊源。所以, 小丑原型的内涵与我们通常联想到的"可笑""尴尬""出丑""隐藏悲伤", 甚至是"恐怖"等内容并不同。

卡罗尔博士更强调的是小丑的聪明、自由、享乐和活力。如果将我们的内心世界想象为一个国家, 我们立志要让这个国家理性、完整、坚定、可以信赖, 那么小丑的存在则是打破国家的严肃与沉寂, 展现自由、欢愉和豁达。

❶ 小丑原型对自我探索的帮助

小丑原型是我们的活力来源，追寻的是快乐原则，喜欢一切能够让自己快乐起来的最原始的、最自然的东西。同时，小丑是聪明的，它能够重整本能冲动，为自我储存能量。

在这12种原型中，小丑原型最具包容性，同时也最容易被压抑。在西方文化中，由于受到宗教理念的影响，人们相信本能的欲望带有某种原罪，需要通过遵循教义而获得身心升华。因此，人们会克制享乐，忽略欲望。而在东方的文化中，我们奉行礼仪，凡事均有典范，克己守礼是我们的行事标准。

尤其新中国成立之后，发展、生产、积累是每个人的使命。不论是哪一代人，他们的集体潜意识中都有着"落后就要挨打"的紧迫感，勤奋的行动压制着那些追寻享乐的本能冲动。因此，被小丑原型主导的行为常常被认为是没有教养的、浪荡的、不负责任的，并被不断地压抑着。但是这样的压抑会在我们完善自我的时候不断地萌发，那些选择勤勉工作，选择节奏快、效益高行业的人，会在工作一段时间之后更加渴求自由、本我和生命的本真。

小丑原型是乐观的，它只在意快乐的事情，因此在经受挫折的时候，也会愿意再次尝试。尤其在经历失去和悲伤的时候，小丑原型会通过笑来提醒个体美好的存在。

小丑原型是机智的，喜欢游戏和博弈，即使在危险中也会享受较量的乐趣，乐此不疲。如果个体正处于儿童阶段，他会是个让大人头疼，喜欢和规则斗智斗勇的调皮孩子。如果个体正处于成人阶段，他则会有意无意地做一些事情避免无聊，积极地迎接挑战。

小丑原型是自由创新的，它总能以幽默的方式打破规则限制，寻找新的解决方法，从来不会真的被传统束缚，同时也懂得如何适应社会规范，使个体人生的每个阶段都不会无聊。

小丑原型是豁达的，只关注生活本身和真实的快乐，不在意他人的评价，不思考明天，只活在当下。在小丑原型的世界里没有不得不完成的世俗任务，没有让人却步的人际交往，没有为他人负责的沉重负担。

小丑原型是包容的，对于潜意识中的其他原型，小丑并不会去衡量谁对于当下更有利，谁对于当下会产生阻碍，它会提供足够的空间让所有原型去表达，不评价、不干涉。当个体处于迷茫混乱的状态时，如果能按照小丑原型的特质行动，则更有利于寻找和发现自我。

所以，小丑原型呈现出来的是一种看似游戏人间，却最活在当下的豁达。因为小丑原型明白，人间不过是一场游戏，涂满油彩，善为笑言，愚人亦是愚己。在他人看来，小丑原型驱力下的行为或夸张、或荒诞，充满魅惑，他们自己却不敢轻易尝试。人们看到的只是小丑的弄臣外表，而不知道小丑充满智慧的内心。

就像那些辞去稳定安逸、有保障的工作而去追求理想生活的人，也受到小丑原型的驱使。在其他人眼中，这是冒险和任性，但对这些人来说，却是探寻自我的重要环节。小丑通过愚人达到愚己的最终目标，因为他们已经洞悉生活的本相。尽管呈现出来的是一种生理和肉体感受上的低需求性，但是他们在精神世界却拥有高维度的满足与愉悦。小丑原型在发挥主导力量的时候，很贫瘠甚至匮乏的物质世界就可以满足他们，因为他们此刻的心理弹性已经达到最佳状态。

② 小丑原型的阴影与沉溺

每个原型都不可避免有阴影。小丑原型古老而原始，最接近动物本能。因此，当小丑原型的能量没有正确表达或得到宣泄的时候，它会表现出破坏性的负面力量。

小丑原型追寻快乐，同时又不被约束，所以不存在道德观念，视一切纪律于无物，目无尊长，无法无天。小丑原型的好奇心不仅指向尝试一切新鲜事物，也指向所有被禁止的欲望。小丑原型的阴影是玩物丧志、懒惰、不负责任、不可靠、自私、操纵、诈骗、沉溺于感官享受中。最典型的人物莫过于西班牙作家塞万提斯笔下的唐吉诃德，他沉浸在幻想中，疯癫而无畏，疯狂且执着。

小丑原型的阴影并不容易被察觉。当我们出现沉溺行为时，可能会表现得像个跳梁小丑，滑稽可笑，却自以为是。小丑原型具有看穿生活本质的豁达特质，当我们被原型的阴影控制的时候，它就会告诉我们：生活就是这样的，你必须这样做才能活下去。人性就是贪婪的，社会就是奸诈的，你只是发现了世界的真相，满足愿望、获得快乐的唯一方法就是沉溺在这些行为中。所以，我们不惜一切代价追求成功，甚至有意无意地挑战道德和法律，在亲密关系中不忠，在工作中渎职，在权力中获取金钱利益。

在文学作品和影视创作中，经常会有一个这样的形象：他们为了追求事业上的成功，一点点放弃原则、舍弃感情、不顾他人的利益。他们每一次都在自我游说，这点牺牲都是为了更大的成功。最后却追悔莫及，一无所有。作为读者或观众，我们仿佛能一眼看透，这一角色已经被小丑原型控制。不仅如此，我们还认为自己一定不会做出这样的事情，一定能够洞察虚伪的表象，看穿背后隐匿的欲望。但是当我们被小丑原型的阴影控制时，也难免会陷入两难，甚至做出同样的错误决定。

小丑原型导致的沉溺行为大多是追求感官享乐的，譬如酒精、美食、香烟、性，乃至毒品。欲望本身没有错，追求快乐也没有错，但是迷失其中，无法令自我得到发展和整合，甚至导致心理问题和疾病。

❸ 小丑原型的代表人物

鲍勃·迪伦，美国音乐人，创作歌手，成名于20世纪60～70年代。

他创作的民谣歌曲《答案在风中飘荡》问出了对社会和时代的迷茫，正中当时年轻人的痛点，因此被誉为时代发言人。而他的转型代表作摇滚歌曲《像一块滚石一样》至今依旧是乐坛经典。鲍勃·迪伦创作至今，80岁时依旧在发布新歌。他获得12次格莱美奖，1次奥斯卡奖，1次金球奖，获得过美国总统颁布的总统自由勋章，是国内很多教父级音乐人的启蒙老师。同时，他还是一位诗人，曾经获得2016年的诺贝尔文学奖。

鲍勃·迪伦曾经引领时代，但是他不愿意屈服于时代所赋予的标签。他并不认为自己在迎合时代，承担使命，只是在寻找"定义自己感受到的世界最舒服的方式"，于是他通过各种方式撕掉大众加之的束缚。媒体描述他是时代的反叛者，但是他的理想只是在种满粉色玫瑰的白色庭院中安稳地生活。他一直在追求内心真正的自由，也一直遵循自己的感悟和原则，随遇而安，珍惜眼下的生活。

为了摆脱大众的追逐，他会故意在公众场所做出一些自毁形象的事情。当他知道自己获评了诺贝尔文学奖的时候，他也是拒绝的，推迟了5个月才去领奖。对于外界的标签，鲍勃·迪伦有一种别样的豁达。

自我的每一次成长都需要时间。鲍勃·迪伦在自传中写出过自己年轻时的困惑：我不知道自己正处于历史的哪个阶段，也不知道它的真相是什么。想这个是没有意义的，不管怎么想可能都是错误的。而关于这些迷茫的答案，需要我们自己去寻找。毕竟，就像鲍勃·迪伦的歌一样：

一只白鸽，要飞过多少片海，才能在沙滩上安眠？

炮弹要多少次掠过天空，才能被永远禁止？

答案啊，它在这风中飘扬。

一个人要仰望多少次，才能看见天空。

一个人要有多少只耳朵，才能听见人们的悲泣。

要牺牲多少条生命，才能知道太多的人已经死去。

答案啊，我的朋友，它在这风中飘扬。

❹ 小丑原型的唤醒

　　如果我们对自己的认知和探索没有完成，对自我依旧迷茫，小丑原型可能会以一种看似冲动的行为爆发。只是这样的后果不是每个人都能承担的，近来的新闻中总会出现这样的字眼："当年说走就走的人怎样了""当年放弃高薪的人怎样了"，这就是在提醒我们克制。当然，这些属于唤醒小丑原型的方式，但却不是唯一方式。在日常生活中，我们也可以通过其他温和的方式唤醒小丑原型：承认欲望的存在，保持好奇心，乐于尝试，保持兴趣爱好，适当满足欲望。

原型是集体潜意识的凝缩，而集体潜意识沉睡在意识小岛之下的海床中。曾经，我们缺少相关的认知，所以无法触碰这些原型。现在我们意识到原型的存在，原型便自然觉醒。因此唤醒小丑原型的第一步，就是承认我们身上存在最原始古老的欲望，每个人都有贪、嗔、痴，这并不羞耻，而且很正常。

我们喜欢游戏，享受美食，追捧偶像，痴迷购物。对此，请保持一颗开放的心，享受其带来的乐趣。有时候，我们的欲望压抑已久，困苦于当前的生活和工作，倍感无聊和枯燥，想要追寻快乐，却不知道快乐是什么。这时候，我们需要开启好奇心去尝试，不论是新鲜的事物、新开的店，还是新的流行，尝试之后再去评价，做选择。

我们要打破年龄和社会角色的限制。干练的职场精英与爱好动漫手办不冲突，严谨的科研工作者和摇滚乐不冲突，细致耐心的个性与冒险游戏不冲突，不善人际与咄咄逼人的辩论也不冲突。欲望需要引导，而非压抑。只要在道德和法律的范围内，适当地满足欲望都能够唤醒和释放小丑原型的力量，避免陷入其阴影。那些令人惊讶的腐败渎职丑闻中的当事人，也许就是因为从来没有引导欲望，从而被阴影所控制。

小丑原型的发展会经历三个层级。第一个层级的小丑只为了满足欲望，冲动而不顾忌后果。这个层级的行为像是小孩子，但是又不仅仅只在儿童阶段出现。想想长大后的你，有没有不管工作、只想倒头入睡的冲动？有没有忽视体重和营养，只想尽情享用零食、甜点、烟和酒精的经历？有没有放弃一切，追求爱情的想法？

第二个层级的小丑逐渐分辨自我的欲望和他人的欲望，能够约束并掌控欲望。自我在形成的过程中，不仅需要自我评价，也需要他人的评价，所以自我不可避免会受到他人的影响。但是在我们寻找"我是谁"和"我的价值"的过程中，会经历混淆自我和他人的欲望的时刻。这时，我们虽然在追求快乐，却时常混乱。青春期的时候，我们常常突发奇想，被各种新鲜事物吸引眼球。工作以后，我们常常会搞不清楚工作到底满足了谁的欲望。这种混乱在大学期间更加常见，因为我们在大学之前，往往认为自己的欲望是好成绩，但是读大学后没有了成绩的指引，自己的努力、刻苦和坚持又是为了什么？自己的兴趣和爱好到底是什么？

第三个层级的小丑对自己和人生有了独到的领悟，不再被物质和环境所累，了解并承认自己的欲望，将欲望通过合理的方式表达出来。能够调侃、自嘲、看透生命和本我的真相，不再追求表面的快乐，而是享受生活的真相，活在当下。也许我们现在依旧为生活奔波，依旧受制于各种制度，但是心灵却是自由的，内心的快乐有着释放途径，真正整合了自我、他人和世界。

鲁迅说，所谓悲剧，就是把人生有价值的东西撕碎给你看，所谓喜剧，就是把人生无价值的东西撕碎给你看。在小丑原型发展的不同自我成长阶段，我们看待那些带来快乐的事物的感受也会不同。周星驰的无厘头喜剧，既让我们开怀，也让我们痛哭。这就是自我的整合。所以，看戏剧、听相声和脱口秀，笑与思，不仅唤醒小丑原型，也检验小丑原型所处的层次。

❺ 小丑原型的测量

请对以下题目描述的情况如实进行选择，尽可能根据第一反应快速作答，不要跳过任何题目：

（1）当生活枯燥无味的时候，我喜欢改变它，让它有点花样。

A. 从来没有　B. 很少　C. 有时　D. 时常　E. 总是

（2）别人觉得我很有趣。

A. 从来没有　B. 很少　C. 有时　D. 时常　E. 总是

（3）我不太把规矩当回事。

A. 从来没有　　B. 很少　　C. 有时　　D. 时常　　E. 总是

（4）我喜欢带给别人欢乐。

A. 从来没有　　B. 很少　　C. 有时　　D. 时常　　E. 总是

（5）我喜欢使严肃的人轻松起来。

A. 从来没有　　B. 很少　　C. 有时　　D. 时常　　E. 总是

（6）一点小混乱对灵魂的成长有利。

A. 从来没有　　B. 很少　　C. 有时　　D. 时常　　E. 总是

分数统计：选择"A. 从来没有"记为1分，选择"B. 很少"记为2分，选择"C. 有时"记为3分，选择"D. 时常"记为4分，选择"E. 总是"记为5分。你的最终总分是：____

如果高于15分，那么小丑原型可能是你当前的主导原型，请继续阅读下一章的内容，最终的结果会在后记中汇总。

如果低于15分，那么小丑原型是你当前正在压抑或忽视的原型。现在的你可能出现两种情况：其一，你在生活中表现出小丑原型的很多阴影，你玩世不恭，总是控制不住享受感官欲望，拖延，做事半途而废。也许你并不承认这些表现，不妨问问周围的人是否对你有这样的评价。其二，曾经的你追求快乐，但是现在对此十分反感，你不允许自己再次出现这种嬉戏、玩闹的状态。

每一种原型都不能被简单地从"好"或者"坏"、"有用"或者"没用"的角度来看待。原型一直蕴藏在我们的身体中，是我们应对生活和追求幸福的力量来源。测试不仅是为了了解自己的主导原型，同时也要了解自己一直忽视的原型，因为正是忽视和压抑的部分导致自己陷入现在的困境中。正视或矫正小丑原型的阴影，才能增加生活中的选择性。

卡罗尔博士认为，小丑原型是自我探索和成长的起点，也是自我探索的终点。自我成长从原始的追求快乐出发，然而经历了追寻、创造、争取、爱之后，自我会发现真正的快乐和自由是放下，活在当下，这也是小丑原型的第三个层次。所以，不必排斥自己那些不切实际的享乐倾向，或许那才是幸福的真谛。

第十六章
智者

　　the sage，英文原意是指知识渊博、充满智慧的人，尤其是古代的历史或传记中具有重要作用的人。作为原型，通常被翻译为智者。

　　不论是在英语的背景中，还是在中文的背景中，智者的形象都是一位胡子花白、满面慈祥的老人，一副仙风道骨的模样。荣格认为，这就是集体潜意识在发挥作用。当人们在遇到困扰的时候，会有一位代表着智慧的睿智形象通过梦的方式给我们启示，为我们带来灵感和顿悟。

　　卡罗尔博士所总结的智者原型的使命是帮助人们找到真理，并且让自我在真理中获得自由。

① 智者原型对自我探索的帮助

人类从幼儿成长为一个成年人的过程，就是自我不断完善的过程，也是不断学习和积累知识的过程，还是不断地寻找真理的过程。在传奇故事里，总会有一位智者及时出现，为主角指点迷津。就像是英国作家罗琳的小说《哈利·波特》中的邓布利多，他是魔法学校的校长，极具魔法天赋，睿智、拥有洞察力，对人类和巫师一视同仁，是很多优秀魔法师的老师，帮助了很多人获得力量。然而在现实生活中，智者并不都是一位年长的老师，也可能是一位哲学家、专业顾问、心理咨询师、学者等。

不论外在的指导如何丰富，我们都需要将一切化作内在自我的成长，这样才能够真正发现真理。存在于我们的潜意识中的智者原型相信，我们有能力发现智慧，并运用智慧创造一个更美好的世界，自我能够得到真正的自由。真正的智者就在我们每一个人的内心。

智者原型所指引的真理与知识并不一致。知识帮助我们了解客观世界运行的规律，而真理则关乎我们如何理解和看待这个世界。从这个角度而言，自我在寻找真理的过程中是有局限的，因为对世界的理解，其实就是自我的一种投射。所谓投射，就是把我们自己的特征转移到其他的人或事身上。

投射的发生是自动化的，当我们认为世界是公平的，我们会看到更多关于公平的证据。如果我们事先接收了世界是不公平的观点，不论我们是否相信这个观点，当周围不断出现这个论断，我们就会不自觉地去关注世界不公平的证据。结果就是越来越认定世界是不公平的，这也将导致我们离真理越来越远。

所以，智者原型在寻找真理的时候，会努力通过各种方法超越局限，例如听取各种声音。当我们看到一个结论的时候，一定要去搜寻与之相反的立场，加以判断。我们虽然渴望真相，但是不可能了解全部的真相，因为世界上的每件事都夹杂着很多线索，都是复杂的。没有人能够看到全部，一只耳朵、一次倾听只能了解真理的一部分。

为了避免自我的主观性，很多人采取自我隔离的方式，例如冥想和静坐，也就是将意识放空，把全部的注意力放在呼吸上，任凭思绪流淌。通常的做法是选择一处安静的地方，跟随一定的呼吸节奏，缓缓地吸气、呼气，有时候还可以放一些清幽静谧的音乐。冥想和静坐的目的，就是让自我从情绪感受和思想中暂时释放出来。

智者原型并不想改变世界，只是想通过各种方式了解关于世界的真理。真理帮助我们建立尊严，同时又谦卑地活着。

❷ 智者原型的阴影与沉溺

在探索真理的时候，我们也会因为智者原型的阴影而出现一些偏差行为。

第一个阴影是追求完美，陷入非此即彼的绝对化不合理信念中。智者原型指引自我寻找真理，然而真理需要自我的不断反思和内省才能发现。在被智者原型的阴影所掌控时，我们会以真理为标准，认为每一件事情都可以到达一个完美的结局。

因此，人们会过分执着于绝对的真理、真实和正确，并且无法面对和接受普通人的软弱和无知。当他们发现自己或他人表现出不完美时，就会表现出轻视、拒绝等行为。人们会被"我必须得到所有人的喜欢""我必须是第一名才是优秀的""你必须对我诚实"之类的不合理信念带入极端的死胡同，从而影响自我的发展。

第二个阴影是过于放空自我的主观感受，反而忽视身边发生的一切，变得麻木，缺少同理心。为了增强自我的客观性，当人们刻意地将自我隔离在正在发生的事情之外，就会误以为这时的自我状态是自由的。他们无法与正在发生的事建立连接，变得疏离、冷漠和麻木。这并不是自我的自由，而是自我发展得不完善，是内在的探险家原型和情种原型无法达成融合的结果。

这时，他们表现得理智大于情感，一本正经，甚至会认为不去抒发情绪感受是成熟的一种表现。在人际关系中，他们也只关注客观环境，习惯性地罗列数据，喜欢引经据典，在沟通中很少能够呼应他人的感受。

第三个阴影是被"对"和"错"的观点所掌控，只认为自己是对的，无法接受其他不同的观点，傲慢无礼，又容易被激怒。他们相信真理一定存在，并且认为一切行动都需要由真理指挥。于是，当他们不能确定对方是否是自己的绝对真爱，是否是"对"的那个人时，就不会去爱。结果是，他们会因此而错失爱人的机会，也不会去爱任何人。同理，当他们不能确定自己最适合的工作时，也不会去工作。

他们一旦找到了自己所认为的关于世界的真理，就会将所有与自己观点和立场不一致的想法都视为"错的"。他们变得暴躁，容易被激怒。因为此时，他们并不是在寻找真理，而是将自己掌握的"知识"视作维护自我价值的武器。他们只知道自己掌握的知识，眼界受到很大的局限。不仅如此，他们还会借着知识排斥和评判他人，例如某些固步自封的学者或团体，不接受其他领域对知识的解读，用偏见掩盖理性，误以为自己所掌握的片面事实就是全部，甚至以此否定其他立场。最后，他们将关于真理的辩论变成个人权益的抗争。

智者原型的沉溺特质是批判，沉溺行为是一直保持正确或过分平静。智者的智慧是包容的，而不是充满尖刺的。如果你的思维中只有批评和挑剔，如果你为了证明自己正确而不断寻找他人的错处，如果你对一切变化只是冷漠，而不是淡定，那么智者原型的阴影已经完全笼罩了你。

觉察智者原型的阴影与沉溺并不容易，不过，我们可以通过身边人的反馈和感受来进行自我评判。每当提到智者，人们会产生崇敬的感觉，并且愿意付出信任。但是每每想起沦陷在阴影中的智者，人们都会感到畏惧，只想逃离。

❸ 智者原型的代表人物

科比，美国篮球运动员，被誉为美国男子篮球职业联赛（NBA）史上最伟大的球员之一。

科比3岁开始练习篮球，在训练营得到过最佳球员（MVP），高中时带领球队得到过州级冠军和全美最佳高中球员。17岁时签约 NBA，从此开启了科比的篮球时代。2007年，他成为达到20000分的最年轻球员。直到退役，他获得过5年的联盟第一人，14年的联盟顶级梯队，蝉联5个总冠军，4次 MVP，11次成为年度最佳第一阵容，9次入选年度最佳第一防守阵容，2次得分王。球迷评价，科比的比赛现场是兼具观赏性、竞争性和影响力的。凡事看过他比赛的人，一定会被吸引。

科比的卓越成绩并不是源自于得天独厚的天赋，而是他日以继夜的训练，以及对篮球狂热而偏执的热爱。他内心强大，争强好胜，对成功充满渴望，永不放弃。科比成为一代年轻人的偶像，不仅仅是因为他优秀的战绩，还因为他的专注、投入和严苛的自我要求。尽管满身伤痕，他依旧勇往直前。

科比曾经这样回答为什么会成功："洛杉矶的每个早上四点，漫天星光，行人寥寥，我已经起床行走在黑暗的街道上。一天过去了，十年过去了，洛杉矶凌晨的黑暗没有丝毫改变，但是我却变成肌肉强健、有体能、有力量、有着高投篮命中率的运动员。"很多人引用这段话，使用"凌晨四点的洛杉矶"自勉，并期待能够进一步地完善自我。

科比的自我是具有智者原型特质的，他发现了关于成功的真理——坚持和努力，同时以此来践行自我，最终令自我获得了自由，达成了自我实现。自我实现的途径不止一个，但是在智者原型的指引下发现有关这个世界的真理，将指引我们的行动。

④ 智者原型的唤醒

唤醒智者原型最直接的环境就是学校，最有效的仪式就是学习。我们自出生的那一刻起就在努力学习生活技能和客观规律，我们与真理的距离是随着知识的积累和身心发展的成熟而逐渐缩短的。

智者原型的发展会经历三个层级。第一个层级的智者原型认为，世界是二元对立的，有多则有少，有高则有低，有对则有错，因此真理存在正确的答案。答案可能就掌握在权威和师长那里，所以他们信赖权威，尊敬师长，相信权威和师长传授给自己的知识。他们不接受权威的不正确，也不接受权威的隐瞒。

第二个层级的智者原型会发现世界是多元的，真理也同样是多面性的，所有的对和错都是相对的，只是解读的角度不同。随着年龄和能力的增长，他们逐渐发现，父母、老师和权威都有可能会犯错，而且自己也开始接受这些错误，不再无条件地信赖某个人或某个观点。

有时候，他们还会乐于对比两种完全相反的解读角度。例如，都知道"地球是圆的"这样一个事实，但是如果"地球不是圆的"，那么将如何解释现在正在发生的自然现象呢？这并不是脑洞大开，试验想象力，而是突破知识的定势，寻求世界的多元性。

事实上，关于"地球是平的"这一理论并不是玩笑，世界上有很多具有丰富学识和阅历的人也相信这个观点。他们并不是在故意挑战权威，而是想要提醒自己，世界是多元的，真理也是多元的。在放弃寻找绝对的正确和绝对的真理时，就会发现更多的思维方式，体验到世界的多元。

第三个层级的智者原型能够体验到最终的真理，拥有完全的智慧。在发现世界上并没有绝对的真理时，他们的认知世界也会发生一场革命。在这里，他们将重新理解观念和行为之间的关系。他们的行为选择并不全都是因为正确，而是因为适合，是经过对比和衡量之后的决定。

同样地，他们也是如此理解别人的选择的。无论别人秉持的观点如何，对方的做法一定在当前的环境中最适合的。如此，他们不会再因为纠结找不到最完美的道路而无法做出决定，也不会因为对方做出了和自己想法不一致的行为而不能接受，甚至产生游说的冲动。

智者原型的发展终点不是找到最终的真理，而是接受这就是最后的答案。我们开拓自我的认知边界，积累知识，体验和发展各种原型，最终的目标还是自我成长与超越。只有理性地发展完善的自我，我们才能理解真理是什么。放下追求答案的执着，敞开心灵去体会真相，体验天人合一的境界。

❺ 智者原型的测量

请对以下题目描述的情况如实进行选择，尽可能根据第一反应快速作答，不要跳过任何题目：

(1) 我会不加判断地收集各种信息。
A. 从来没有　　B. 很少　　C. 有时　　D. 时常　　E. 总是

(2) 我会以长远的眼光看待事情。
A. 从来没有　　B. 很少　　C. 有时　　D. 时常　　E. 总是

(3) 同一件事，我相信可以通过很多积极的角度去分析。
A. 从来没有　　B. 很少　　C. 有时　　D. 时常　　E. 总是

(4) 我尝试发现虚幻背后隐藏的真理。

A. 从来没有　　B. 很少　　C. 有时　　D. 时常　　E. 总是

（5）我努力让自己更加客观。

A. 从来没有　　B. 很少　　C. 有时　　D. 时常　　E. 总是

（6）我是冷静理智的。

A. 从来没有　　B. 很少　　C. 有时　　D. 时常　　E. 总是

分数统计：选择"A. 从来没有"记为1分，选择"B. 很少"记为2分，选择"C. 有时"记为3分，选择"D. 时常"记为4分，选择"E. 总是"记为5分。你的最终总分是：＿＿＿

如果高于15分，那么智者原型可能是你当前的主导原型，请继续阅读下一章的内容，最终的结果会在后记中汇总。

如果低于15分，那么智者原型是你当前正在压抑或忽视的原型。你需要反思一下现在的自己是否被智者原型的阴影所掌控，出现了绝对化、冷漠、容易被不同观点所激怒的情况。

小丑原型得分：＿＿＿＿＿

智者原型得分：＿＿＿＿＿

小丑原型+智者原型总分：＿＿＿＿＿

如果总分大于44分，表明智者原型和小丑原型是你当前应对生活时最常使用的原型。如果总分小于44分，可以阅读后记中的汇总。

如果智者原型分数更高，表明你对生活有自己的理解和想法，但是比较不接地气，可能存在生活适应的问题。如果小丑原型分数更高，表明你在当前的生活中比较乐在其中，享受生命，凡事都不会成为你的烦恼，但是可能有点回避生活中的责任和重要的决定。如果两个原型的分数相同，那么你需要衡量这两个原型现在是冲突的状态还是融合的状态。

通常来说，智者原型和小丑原型共同发挥作用的人生阶段是老年期。老年期的人们用整个人生完成了一项事业，并且来到主动结束这份事业的时刻——退休。人们常常使用"充满智慧"和"像个孩子一样充满童趣"来形容老人，其实就是因为这两种原型在交替完成这个生命阶段的任务——重获自我的自由。然而，智者原型和小丑原型的其中任何一个，都不能很好地帮助老年回溯一生。理想的状态是二者结合，达到一种大智若愚的状态。这时，老人既放下自我的执着，理解生活的真理，同时也能活在当下，乐在其中。

其实，人生的退休不止一种，还包括工作岗位角色的终止。例如，从养育孩子的工作中"退休"（孩子长大、独立），从照顾家庭的工作中"退休"，从一个项目中"退休"等。我们都要停下来，放下曾经的目标和雄心壮志，学习接受"死亡"，也许是生命的死亡，也许是事业的死亡。这个过程需要智慧，需要超脱的状态，需要智者原型和小丑原型的合作，在接下来的人生中获得自由，并进入新一轮的原型成长中。

第十七章
魔术师

the magician，英文原意是拥有魔法般力量的人，或是在某种领域里拥有神奇技术的人。作为原型，常被翻译为魔术师、魔法师。

在我们的印象中，古代拥有魔法力量的人，可能是能起死回生的神医，掌握世界运行规则的占卜师，能够缓解世人痛苦的修行者。到了现代，这些帮助人们调整自我，进而改善与他人和环境的关系，为自我提供疗愈和救赎的角色，转换为医生、心理学家、专业领域的顾问等。这些人所掌握的技能在对其不了解的人眼中，如同魔法一般神奇。

❶ 魔术师原型对自我探索的帮助

　　在生活中，你是不是有过这样的经历：在你烦躁不安，无法静下心来处理眼前问题的时候，如果能够去整理一下房间，或是把晾晒的衣物收回来叠好，心情会快速平静下来。这时，你突然就获得了面对问题和解决问题的动力。其实这就是魔术师原型的力量，也是我们的身体中天生自带的一种魔法般的神奇技术——当我们建立起内在世界的秩序，就能够让外在世界井然有序。

　　例如，如果你试图缓解家人或孩子的焦虑，那么最好的方法就是在他们面前保持平静，保持内心的平和，这样他们就会跟着你的状态，使焦虑得到缓解。当我们使用魔术师原型的特质，也能够施展出一些不仅能够改变自我，还能够影响身边环境的"魔法"。

　　1. 为自我贴标签，以获得某种"魔力"

　　心理学家曾经进行过一个实验。实验招募了一批实验者，并且根据他们曾经是否有过捐款经历，将其分成三个小组。有过捐款经历的人分在第一小组，命名为"善良的人"；没有捐款经历的人分在第二小组，命名为"不善良的人"；第三个小组的实验者是随机挑选的，也就是有的成员有过捐款经历，有的没有，并且没有为小组命名。一段时间之后，心理学家再次统计这些人随后的捐款行为。结果发现，第一小组"善良的人"捐的钱最多，第二小组"不善良的人"捐的钱最少；没有命名的第三小组捐的钱居中。

心理学家分组的行为就是为实验者贴上标签，一个并没有经过严格验证的临时标签，就足以影响人们的行为。魔术师原型的一个重要魔法叫作"命名"，当自我被命名，或者被贴上标签时，内在的自我就与外部的评判就产生了关联。自我就会如同被赋予了某种魔力一般，会遵照"标签"去表现。心理学的进一步研究发现，人们具有一种自我印象管理的倾向，会努力使自己的行为和他人的评价，也就是被他人贴的标签内容保持一致。这背后深层次的原因，其实就是魔术师原型的力量。

2. 通过改变内在语言，改变外在世界

你在和自己对话的时候，会用什么样的词来形容自己？是正面的描述更多，还是负面的描述更多？很多时候，我们对自己的评价都是消极的。因为我们的文化强调自省、谦虚、静坐当思己过。身边的大人也经常指出我们身上的缺点，所以我们常常以为自己是愚蠢的、没有能力的、不胜任的。我们看待自己的态度，会影响到自己的生活方式。而魔术师原型的第二种魔法就是使用积极的、正面的语言代替消极的、负面的语言。例如，"我这个人粗心大意"改成"我很豁达";"我这人就是自控力差"改成"我的灵活性很好"。

3. 自由地表达负面感受

我们总是认为，负面的情绪、负面的想法都是不好的，要想办法将它们隐藏起来，但是我们总是被自己压抑的东西控制。魔术师原型的第三个魔法就是自由地、真实地承认并表达负面感受。难过的时候就尽情地哭泣，愤怒的时候就尽情地宣泄。当然要在不伤害他人的情况下，完全地表达出当前的感受，这样才能不被负面感受控制。

4. 为自己设定仪式

生活中会有很多不可避免的事情发生，这些甚至会威胁到自我的认知。魔术师原型的第四个魔法就是通过仪式将自我的注意力集中在可以改变的地方，为自我填充能量来迎接新的阶段。例如，成人礼疏缓独立的担忧，葬礼疏解离别的感受。此外，我们也可以为自己设定一些特别的仪式，比如入职庆祝、离职庆祝、老年人特权（公交车和景点免费）庆祝等。仪式感可以为自我的转变带来积极的暗示。

❷ 魔术师原型的阴影与沉溺

魔术师原型通过它的魔法帮助自我成长，并向积极的方向改变。而魔术师原型的阴影则是一股邪恶的、充满敌意的力量。

当魔术师原型的阴影控制个体的时候，个体可能会做出一些伤害性的行为，比如把他人的好意解读成恶意，认为他人隐藏了某种不好的动机，甚至在潜意识中期待看到他人经受厄运。这时候的他们并不是被魔术师原型主导，而是被一个邪恶的巫师所控制。他们心中充满了嫉妒、怀疑、焦虑和恐惧。自我的内在秩序会影响对外在世界的感知，平静的自我会感知平静的世界，同样地，焦虑的自我也会感知焦虑的世界。

魔术师原型的另一个阴影是致郁——采取某种方式强化负面和消极的部分，目的是引发个体内在的否定。通常，这样的魔法会施加在他人的身上。例如他们会刻意批评、指责他人，给他人贴上负面的标签，让他人觉得自己比原来更糟糕。他们也可能会引导他人做出负面的自我评价，打击内在的自我力量。

心理学中有一个"煤油灯现象"，就是通过一些方法，不断轻视对方的感受，将一切责任推给对方，在精神层面操控对方，甚至摧毁对方的认知，让对方最后失去自我。在很多关系中，我们会听到这样的评价："你太敏感了""这件事根本没有发生过""这都是你的错，大家都是这样认为的"……

他们总是说谎，否认自己做的错事，还反过来诋毁对方情绪不稳定，控诉对方的各种缺点和问题。每当对方提出质疑的时候，他们就会转移当前的话题，打乱对方的思路。他们轻视或无视对方的情绪，总是强调让对方冷静一点，是对方错了。长此以往，对方就会产生疑问：为什么自己的痛苦总是被忽略？是不是自己真的有问题？他们一再推卸责任，告诉对方"只要你改变，我就会改变，我如此爱你，重视你，永远不会伤害你。"

在个体没有察觉的时候，魔术师原型的阴影就已经掌控了他们的行为。魔术师原型的沉溺特质是诈欺、不真诚，沉溺行为是滥用魔力，沉迷幻想。魔法的力量无穷，但是魔力只是一种"武器"，不仅能够给自我带来疗愈，也能够给自我带来伤害。

因此，当我们对他人做出回应的时候，要注意自己真正的出发点是关切还是贬低，使用的语言听起来是安慰还是嘲讽，是不是在贴标签，是不是在刻意忽视对方的感受，是不是有一些阴暗的想法在出现。或许，在某些不自知的情况下，你正沉溺其中，错误地使用魔法对待自己和他人。

❸ 魔术师原型的代表人物

乔布斯，发明家、企业家，苹果公司联合创始人，皮克斯动画公司联合创始人，在操作系统、电信、电脑、动画、音乐等多个领域都有突破性的创新。

随着科技的发展，现代的人们越来越依赖让生活更加便利和高效的电子产品。在电子产品的用户体验和信赖度上，苹果公司一直备受全世界的追捧，而这都离不开乔布斯。很多人都形容乔布斯像是一位魔法师，当他出现在产品发布会的现场展示新产品时，他从容、自信、睿智、优雅，仿佛正在进行一场艺术表演。

在创业的过程中，乔布斯曾经被迫离开团队，也曾经力挽狂澜。他卓越的演讲才能、独特的团队管理方式、对细节的极致关注、独到的战略眼光，使他不仅在事业中整合了自我，也在不知不觉中改变了世界，甚至为所有现代人带来了神奇的疗愈式力量。乔布斯奉行顾客至上的理念，每个使用苹果的消费者不仅在使用电子产品，也在直接感受超先进的科技。

曾经，我们只能旁观那些神奇的魔术，被告知没有长时间的练习或天赋，便无法掌握这些神奇的技能。但是乔布斯将这个藩篱拆除，他让每个人都能最直接地体验"科技魔法"。消费者们除了认可苹果公司先进的技术，也被其所传递出的魔术师原型特质感染着。

乔布斯在魔术师原型的驱力下，不仅完成了自我实现，影响了使用他的产品的人，也启发了很多电子产品研发者。尽管乔布斯已经去世，但依旧有很多电子产品研发公司会在设计和发布新产品的时候这样设想：如果这位"魔法师"还在，他会怎么做？他们会依据这种设想来改进自己的设计。这个世界并不会只有一个魔术师，当我们被"魔术"治愈，也将会产生疗愈他人的新魔力。

④ 魔术师原型的唤醒

魔术师原型的唤醒，可以通过固定时间的冥想、有规律的静坐、学习、虔诚的祈祷、清醒梦等能够与潜意识连接的方式进行。

梦是潜意识的表达，人类每天接触很多的信息都需要通过意识进行筛选。每到夜晚意识休息的时候，大脑会重新整理白天接触的信息，这个过程中就会产生一些声音和图像，这就是梦。通常，人们是无法意识到自己在做梦的，但是心理学研究发现存在着清醒梦，即人们知道自己在做梦。尽管这样的经验很少，但是经过专门的练习，人们不仅可以实现做清醒梦，还可以控制梦。例如坚持每天记录自己前一天做过的梦，回顾细节；经过专业催眠师的引导；集中神智进行与梦有关的冥想等。这些方法都是在实现意识与潜意识之间的连接，以引导魔术师原型发挥作用。

魔术师原型有三个发展的层级。第一个层级的魔术师原型会体验到被治愈的感觉，能够感应到一些超感官的经验。魔术师原型的治愈力量是通过让自我感受到正向积极的体验实现的，这种感觉是一种被支持的暖意。而这种暖意来源于集体潜意识，当自我察觉到的时候，他们会有一种超越视觉、听觉、触觉、味觉等感官的直接知觉。

第二个层级的魔术师原型将会体验到心想事成的满足感。魔术师原型的行为动力就是将梦想变成现实，它一直在帮助自我发掘关于世界运转的基本规律，并且借此完成自己心中所想。魔术师原型也在进行自我创造，但是不同于创造者原型的整合与重生，魔术师原型的侧重在于提升或拓展意识。所以在放下基础感官的感觉之后，他们会获得一种信念，它告诉自己"一切都会好起来"。

第三个层级的魔术师原型了解到世间万物都是彼此连接的，

可以通过心理层面的改变，实现对现实的改变。卡罗尔博士认为，在12种原型中，魔术师原型最具开放性、包容性，它的本质是改变。不论当前的主导原型是什么，不论当前的困境如何，魔术师原型都能够帮助个体变成所期待的样子。

魔术师原型和统治者原型都想通过自我的转变，进而操控外部世界，将那些负面的、不好的整合转变为积极的、好的一面。这两种原型会共同在中年期后期、临近老年期的时候发挥作用。这个阶段的人们即将完成职业和生活的目标，身体机能在衰退，逐渐面临退休和离去。这时候，魔术师原型会结合现有的知识、创造力和改变力，转变对现状的理解，或是重新开创未来。他们对周围的一切都充满善意，能以温柔的方式平衡这种转折。

❺ 魔术师原型的测量

请对以下题目描述的情况如实进行选择，尽可能根据第一反应快速作答，不要跳过任何题目：

（1）那些自我成长的经验，让我有能力帮助他人进行探索和疗愈。

A. 从来没有　　B. 很少　　C. 有时　　D. 时常　　E. 总是

（2）精神层面的冥想、静坐会对我产生积极的影响。

A. 从来没有　　B. 很少　　C. 有时　　D. 时常　　E. 总是

（3）当我改变内在信念，我的外在行为也发生了改变。

A. 从来没有　　B. 很少　　C. 有时　　D. 时常　　E. 总是

（4）我的存在常常促进他人或环境的改变。

A. 从来没有　　B. 很少　　C. 有时　　D. 时常　　E. 总是

（5）我相信世界上的每个人和每件事之间都存在着某种联系。

A. 从来没有　　B. 很少　　C. 有时　　D. 时常　　E. 总是

（6）我喜欢改变形势。

A. 从来没有　　B. 很少　　C. 有时　　D. 时常　　E. 总是

分数统计： 选择"A. 从来没有"记为1分，选择"B. 很少"记为2分，选择"C. 有时"记为3分，选择"D. 时常"记为4分，选择"E. 总是"记为5分。你的最终总分是：＿＿＿

如果高于15分，那么**魔术师原型**可能是你当前的主导原型，请继续阅读下一章的内容，最终的结果会在后记中汇总。

如果低于15分，那么**魔术师原型**是你当前正在压抑或是忽视的原型。造成这种情况的原因有两种：其一，你的自我能量还不够强大，因此被魔术师原型的阴影掌控，没有发挥出魔术师原型的积极力量，甚至在滥用力量伤害他人。其二，你已经完成了魔术师原型的阶段性发展任务，目前在使用其他的原型应对其他的任务，所以在避免展现魔术师原型的特质。

在我们的印象中，魔术师的秘密都是可以揭开的，他们只是营造了一个神奇的假象。但是意识层面的力量是一种相信就存在、不相信就不存在的神奇力量。魔术师原型的力量同样如此，它以超越感官的方式给我们提示，在我们历经生活的考验后，依旧要对人生心怀神秘的、充满无限可能的期望。

第十八章
统治者

　　the ruler，英文原意是掌控规则或是执行规则的人。作为原型，可以翻译为统治者。

　　提到统治者，我们最先想到的意象是国王，也就是一个国家所有规则的制定者、执行者和决策者。因此，国王制定的规则将会影响人们的生活，残暴的国王和平和的国王所造成的影响是不同的。统治者原型并不强调统治者的威仪，而是强调统治者内在自我的整合能力和对外界环境的影响力。

① 统治者原型对自我探索的帮助

要成为国王，需要经过一定的选拔和考验。同样地，要成为内心的国王，也要经历其他原型的考验。统治者原型经历过各种原型的整合，因此能够帮助我们建立起一个强大的自我。当统治者原型主导的时候，我们能够根据当前的处境协调其他原型发挥作用。统治者原型精于抉择，总能够平衡自我的欲望和他人的欲望之间的差异。

统治者原型是强大的，它结合了自我在人生各个阶段探索到的智慧和理想，统合了内在的激荡，力求创造一个单一的、和谐的自我。当统治者原型完全发展，我们的12种原型将都有机会公平地展示自己的力量。因此，统治者原型也拥有一种成为生命主宰的强大力量。但是这种力量可能引导我们向善，也可能引导我们向恶。这个决定权并不在统治者原型手中，而在于我们的自我探索是否顺利。

统治者原型有责任感、有领导力。在这个原型的主导下，自我冷静且平静，因为它需要认真权衡外部世界与内部自我之间的情况，并做出规划。内心的统治者原型越平静，所展现给环境的自我越稳定。在统治者原型的统领之下，自我开始想要引导我们过真正想过的生活。

与魔术师原型不同，统治者原型与其他所有的原型之间并不那么和谐。虽然12种原型各自的特质不同，但是对于自我发展的重要性却是相同的，它们就像是我们内心的12种样子。只是随着年龄的增长，在我们主动或被动唤醒这些原型的过程中，其中一个或几个原型会展现得更多。但是这并不意味着被压抑或未发展的原型没有展现特质的愿望，也不代表哪一种原型愿意听从另一种原型的指挥。只有在必要的、需要合作的人生阶段里，负担相同任务的原型会暂时同行。在其他时间里，每个原型之间依旧是相互独立的。然而统治者原型的源动力是控制，这势必引发与其他原型的对立。

尽管统治者原型是强势的，但是它在管理生命秩序的过程中是充满智慧的。它通过外界的环境与内在自我的对比，协调其他原型的力量。在统治者原型主导的时候，自我已经经历了孤儿原型、英雄原型、反抗者原型、探险家原型等，这些原型得到了一定程度的发展，个体也获得了关于真理与自由的智慧。

当商业品牌以统治者原型为产品定位的时候，在运作过程中会以坚定的规则、高端的品质、强势的态度与人们内在的统治者原型产生共鸣，让人们对产品折服。劳斯莱斯汽车创建于1906年，是英国一个古老的汽车品牌。这一品牌营造的是一种散发出古典气质的贵族形象，并且制定了属于自己的稳定规则：低产量、纯手工制作、艺术品。车内配有顶尖的高科技技术，但是这些都被隐藏起来，不会暴露在外面。它的外形低调典雅，并且还对消费者有一定要求。例如黑色的劳斯莱斯只销售给国王、女王、政府首脑、总理和内阁成员；白色的劳斯莱斯只销售给企业家、知名的文艺界和科学界人士；银色的劳斯莱斯只销售给政府部长级以上的高官和全球知名的社会人士。这个品牌如此傲慢和颐指气使，却令消费者在不知不觉中遵守了它的规则，成为臣服于它的子民。

❷ 统治者原型的阴影与沉溺

我们内在的国王可能是一个公正英明的君主，也可能是一个残忍的暴君。当统治者原型的阴影占据主导的时候，自我就像生活在一个有着强烈控制欲的国王的统治之下。

统治者原型的阴影是刚愎自用、自以为是，完全不为他人着想，专横独行，类似的形象是动画片或者老电影里的反派国王。他们可能曾经英明神武，但是最终被权力和控制欲吞噬。他们不再为国家和子民的利益着想，注意力只集中在自己的掌控权上。他们为了控制而控制，用残暴手段掩盖内心的害怕。为了现在的地位，为了已有的权力，为了曾经的荣誉，他们不惜做出高压的举措，甚至一叶障目，看不到任何真实，也拒绝任何真实。

那些在生活中拥有一定权力的人比较容易被这样的阴影所控制。而在普通的生活中，有一个角色也同样拥有这样至高的权力——父母。父母就是家庭的国王，子女就是子民。很多父母会抗议说自己才是孩子的奴仆，他们为孩子贡献了全部的时间、心血和金钱。但是这只是家庭分工的不同，在心理层面上，很多父母是拥有绝对掌控权的。

例如，在面对和孩子有关的选择时，比如穿什么衣服，用什么电子产品，交什么朋友，选什么工作，父母会认为自己很民主，很尊重孩子的意见。但是他们询问意见的方式是仗着自己的阅历和身份，去批判孩子的观点，要求孩子完成自己所认为好的标准。如果你是家长，这个时候你为自己辩驳的话是："我这么做都是为了孩子好"，那么恭喜你，你已经出现了统治者阴影的特征了。

统治者原型的另一个阴影是颐指气使、目中无人、心胸狭窄、挥霍浪费。这样不仅会伤害内在自我的统整，也会伤害其他人，人们不会一直生活在一个会伤害自己的国王的管理之下。不论我们当前对生活的规划是什么，对自我的认知处于什么样的阶段，自我才是真正的主人。原型是在自我的需要之下被唤醒的，如果原型不能发挥出积极的特质，那么自我何去何从，这个决定权在我们这里，从来不曾在其他任何人的手中。

❸ 统治者原型的代表人物

牛顿，近代物理学之父，英国物理学家、天文学家、数学家。

牛顿出生在17世纪英国的一个小村落，小时候，牛顿虽然喜欢读书，做各种观察和科学小实验，但是学习成绩并不好。母亲对他的期待是做一个略有常识的农民就好，若不是被中学时代的校长劝阻，母亲就会安排牛顿学习耕作来维持生计。当牛顿进入剑桥大学，他开始接触哥白尼、伽利略、笛卡尔、开普勒等科学家的著作，这些启蒙了他的思考。

牛顿的科学成就有很多，他发现了万有引力、三大运动定律等物理规律，提出了牛顿流体，整合了经典力学和天体力学、提出声速公式。在数学领域，他创立了微积分，提出了适用于任何幂的二项式定理。在光学领域，他发现白光是由不同波长的光混合而成的，提出了光的微粒说。在热学领域，他确定了冷却定律。在天文学领域，他创造出反射望远镜，推算出潮汐的大小与月球的位相、太阳的方位有关……他的成就几乎写满了整个中学物理课本。

牛顿就像是这个世界运行规则的发现者和验证者，他一直在帮助人们整合关于这个世界的秘密。如果将世界类比为我们的内心世界，牛顿就是统治者原型的一个表象，似乎一切都在他的掌握之中。就像诗人亚历山大·蒲柏为牛顿拟写的墓志铭："自然及其运行规律隐藏在黑夜之中，上帝说，让牛顿出现，于是一切皆光明。"

统治者原型要展现力量并不容易，需要权衡内在自我与外部自我，做好归纳和规划，等待时机成熟。牛顿的智商大约有290，但是在童年期并没有什么"天才儿童"的表现。当他接触到科学论著的时候，才慢慢展现出超凡的能力。

④ 统治者原型的唤醒

统治者原型喜欢一切尽在掌握之中的状态，但是就像一个国王一点一点实现自己的政治理想一样，统治者原型的发展也会经历三个层级。

第一个层级的统治者原型展现出来的是责任感，为自己的生命负责，关注自己和家人的生活，尝试整合暴露于外部世界的无力感。这个时候的国王刚刚即位，他们会关注内在和外在的所有资源，积极启发自我的潜力，以及其他原型的发展状态，力求能够调节目前自我的冲突，维持秩序的稳定。这时候自我的潜能可能被激发，也可能会被浪费，统治者要思考坚守已经拥有的生命力量。

第二个层级的统治者原型会更加努力积极发展和提升自我，进一步统整内在的能力，关怀团队的利益，对实现梦想的信心更加增强了。这个时候的国王经过一段时间的管理，更加清晰国民的福祉是什么，甚至会发现，只有做出一些牺牲和让步才能实现这个目标。其他原型之间有的已经达成合作，但是生命中的问题并没有完全消解。他们常常为是否要做出牺牲而犹豫，也会为自己的软弱和自私而自责。这个时候，他们对别人的帮助还是很少的，统治者原型还挣扎在如何为心灵世界做出更多努力，如何调控牺牲与收获的天平上。

第三个层级的统治者原型能够充分利用内在其他原型已经获得的资源，同时也有精力关注外在社会和整个世界的集体利益。此时的内在国王才得到了国民的认可和配合。发展到这个层级的统治者原型已经失去了凌驾于他人之上的欲望，因为每个人都是自己生命的主宰。在这个过程中，自我并不是一帆风顺的，它可能会沉浸在幸福中，沉浸在爱和痛苦中，沉浸在无力感中。

也正是这个时候，他们会以一种重新疗愈的方式看到自己和他人的力量。社会的利益是由每个人的利益构成的，要创造出社会的巨大力量，需要每个人的力量都能够发挥出来。人们只有不再相互竞争，而是相互理解、合作，才能获得关于整体的、世界的资源。

如果将统治者原型的发展层级具象化，那么第一个层级的统治者只为自己的状态和感受负责，只关注自己的潜能和协调统一。到第二个层级的时候，统治者走进环境中，在家庭、团体、职场中发挥领导力，将自我发展过程中总结的责任感、智慧、管理能力应用到其他环境中。第三个层级是变成更大区域的领导人，此时统治者需要协调、管理的资源更多，付出的精力更大，谋求的福祉更广泛。

❺ 统治者原型的测量

请对以下题目描述的情况如实进行选择，尽可能根据第一反应快速作答，不要跳过任何题目：

---

(1) 人们信赖我的指导。

A. 从来没有　　B. 很少　　C. 有时　　D. 时常　　E. 总是

(2) 我具备领导者的特质。

A. 从来没有　　B. 很少　　C. 有时　　D. 时常　　E. 总是

(3) 我更愿意负起责任。

A. 从来没有　　B. 很少　　C. 有时　　D. 时常　　E. 总是

(4) 我致力于环境、人类和自然的发展。

A. 从来没有　　B. 很少　　C. 有时　　D. 时常　　E. 总是

(5) 我擅长帮助他人匹配适合自己能力的工作。

A. 从来没有　　B. 很少　　C. 有时　　D. 时常　　E. 总是

（6）我通过思想优势掌控形势。

A. 从来没有　　B. 很少　　C. 有时　　D. 时常　　E. 总是

分数统计：选择"A. 从来没有"记为1分，选择"B. 很少"记为2分，选择"C. 有时"记为3分，选择"D. 时常"记为4分，选择"E. 总是"记为5分。你的最终总分是：＿＿＿

如果高于15分，那么统治者原型可能是你当前的主导原型，最终的结果会在后记中汇总。

如果低于15分，那么统治者原型是你当前正在压抑或忽视的原型。其中的原因可能是你的自我还没有准备好，其他的原型特质还没有发展完全。你的生活中有可能已经出现了统治者原型的阴影，也有可能统治者原型还没有被唤醒。

魔术师原型得分：＿＿＿＿＿

统治者原型得分：＿＿＿＿＿

魔术师原型+统治者原型总分：＿＿＿＿＿

如果总分大于44分，表明魔术师原型和统治者原型是你当前应对生活的时候最常使用的原型。如果总分小于44分，可以阅读后记中关于各原型分数的汇总。

如果**魔术师原型**分数更高，表明你是一个有感染力的人，善于调节自己或他人的状态，容易受到周围人的喜欢和信赖，可是做事缺少规划和行动力，想法看似有道理，却不那么实用。如果统治者原型分数更高，表明你在现在的生活中比较有规划，凡事喜欢权衡，喜欢对比优势和劣势，但是往往缺少能力和信心，面对完美计划感到有些无能为力。如果两个原型的分数相同，那么你需要衡量两个原型现在是冲突的状态还是融合的状态。

统治者原型和魔术师原型要应对的是人生中年期后期有关权势的生命课题。这里的权势并不代表在现实生活中的具体职务，而是对内在状态与外在环境之间的掌控和权衡。在这个人生阶段，人们的事业和生活都很稳定，处在事业规划初步实现，即将面临退休的过渡阶段。这时候，我们的很多原型已经得到发展，同时积攒了很多的内在资源。不论是心理层面，还是现实层面，都需要我们对现在的自己做一个整理和回顾，重新面对自己蕴藏的力量。卡罗尔博士希望，这个阶段的人们首先承认自己拥有的力量，再结合魔术师原型的影响力和统治者原型的统筹力，将这股力量释放出来，并产生积极的效果。

后 记

原型与生命课题

现在请把每种原型的总分记录在表1中：

表1 12原型总分汇总表

原型名称	天真者	英雄	探险家	反抗者	小丑	魔术师
分数						
原型名称	孤儿	照顾者	情种	创造者	智者	统治者
分数						

把上表中分数排在前三位的原型标记出来。分数高于15分的，可能是你当前的人格特质中的主导原型，也可能是你当前在应对生活中的困境时最常使用的、最活跃的原型。然后再把分数最低的原型标记出来，这是目前被压抑或被忽视的原型。对原型的压抑是在潜意识中自动发生的，具体的压抑表现在前文中已经表述。

如果你的分数中都没有高于15分的（通常这种情况比较少），那么存在两种可能的情况。其一，请确认自己是真的理解了测试的题目并且是真实作答的；其二，你可能处于某些心理困扰之中，这导致每种原型都无法顺利展现。请关注自己的心理状态，并寻求专业的咨询和治疗。

天真者原型+孤儿原型总分=

英雄原型+照顾者原型总分=

探险家原型+情种原型总分=

反抗者原型+创造者原型总分=

小丑原型+智者原型总分=

魔术师原型+统治者原型总分=

表2 不同人生阶段对应的生命课题与原型对应表

人生阶段	生命课题	对应原型	本书中所在章节
童年期	安全	天真者、孤儿	第七章和第八章
青春期后期	认同	探险家、情种	第十一章和第十二章
成人期	责任	英雄、照顾者	第九章和第十章
中年期	真实	反抗者、创造者	第十三章和第十四章
中年期后期	权势	魔术师、统治者	第十七章和第十八章
老年期	自由	小丑、智者	第十五章和第十六章

　　将总和大于44分的原型组合圈出来，其中分数最高的就是你当前生活中经常使用的原型力量。每对原型组合对应的生命课题如表2所示。找到自己现在所在人生阶段，其所对应的原型的分数如何？如果分数超过44分，那么你正在很好地应对当前的人生课题。如果低于44分，那么需要思考一下为什么会压抑这对原型，你的自我恐惧和担忧的是什么？

　　接下来，请找到你现在所处的人生阶段，然后回顾之前已经经历的人生阶段。结合前文的测试结果，如果在某个时期所对应的两个原型的总分大于44分，说明你已经完成了这个生命的课题；如果低于44分，那么这个人生课题可能留在了现在。

在每个课题对应的一对原型中，分数较高的原型得到的发展较多。分差的大小则表明在那个人生阶段里，对低分的原型的压抑程度。分差越大，说明压抑越多，并且现在这个原型的发展层级可能也比较低，或许你依旧被这些被压抑的原型的阴影所影响着，这可能就是你的自我继续发展的方向。（注意，表2并不代表这对原型只会出现在这个人生阶段。）

当你阅读到这里的时候，你已经完成有关荣格的原型理论和卡罗尔博士的12种原型的分析。本书或许能够解答你在生活中遇到的困惑，或许让你更加迷惑。不必担心，我们不需要去批判过去的发展历程，也不需要让自己的人生完全匹配本书的描述，因为每个人的人生都是独一无二的。最重要的是发现真实的自我，找到自我最本质的真理，顺应它，接受它，感受它将会带来的一切。

在12种原型中，也许你发现了很多高于15分的原型，也就是曾经发挥出主导力量的原型；也许很多原型都低于15分，这些原型都没有发挥出积极的力量。没有关系，原型每一刻都在被唤醒，原型的发展是螺旋上升的，一切都还没有结束。当你再次拿起这本书的时候，你的自我将会有全新的发展。有关原型的分析指向的不仅仅是现在，还有未来。

发现主导原型和压抑原型的目标不是重新规划自我，而是看到自我的复杂性和自我本身的力量源泉。原型并不等于人格类型，也不是将我们分类，这些原型也没有谁优谁劣之分。就像积极心理学中所提倡的积极品质，我们不需要在同一时刻同时具备所有的优秀品质，不需要在同一个人生阶段唤醒所有的原型。最重要的是找到自己，更好地成为自己。